Inhalt

Vorwort

Unter dem Titel „Der kritische Raum und die kritische Situation in der tierischen Sozietät"[1]) habe ich 1956 einen Aufsatz veröffentlicht, der – bei kleiner Auflage – sehr bald vergriffen war.

Da das in dem Aufsatz angeschnittene Thema nach nunmehr 15 Jahren in damals nicht voraussehbarer Weise und von ganz anderer Seite her allgemeineres Interesse erlangt hat, und Nachfragen nach dieser Publikation heute gar nicht mehr befriedigt werden können, haben sich Verlag und Autor entschlossen, diesen Aufsatz zur Grundlage einer Neubearbeitung und erweiterten Darstellung des Themas in der „Kleinen Senckenberg-Reihe" zu machen.

Die Untersuchungen zu diesem Aufsatz, welche zu Anfang der fünfziger Jahre angestellt wurden, galten zunächst und vor allem der Klärung rein zoologisch-aktuopaläontologischer Fragen, nämlich der Deutung der verschiedenen Wuchsformen von sessilen, oft riffbildenden tierischen Sozietäten (z. B. von Schwamm-Kolonien, Bryozoen-Rasen, von Seepocken-Siedlungen und Korallen-Bauten). Sie führten aber sehr bald zu dem Versuch

1. tierische Sozietäten überhaupt zu definieren,

2. ihre Bedingungen und den Bedingungswechsel, unter dem sie bei Zunahme der an der Sozietät beteiligten Individuenzahlen stehen, zu erkennen, und schließlich

---

[1]) Aufsätze u. Reden senckenberg. naturforsch. Ges., **9**: 1-38, Frankfurt/M. 1956.

3. die inneren Gründe für ihre Auflösung unter oft katastrophalen Merkmalen zu verstehen.

Schon damals, und inzwischen immer wieder, wurde mir nahegelegt, die bei diesen Untersuchungen zutage getretenen Gesetzmäßigkeiten auch in Hinblick auf bestimmte, in der menschlichen Sozietät sich einstellende Bedingungslagen zu prüfen. Diesem Ansinnen bin ich bisher stets ausgewichen, um meine Absicht recht deutlich zu machen, den gestellten Fragen allein mit den naturwissenschaftlichen Mitteln des Beschreibens und des Experiments an biologischen Objekten beizukommen. Um alle Zweifel in dieser Absicht auszuschließen, habe ich damals in einem Schlußkapitel (dem 9.) die wesensmäßigen Unterschiede, die zwischen tierischen und menschlichen Sozietäten bestehen, aufgezählt. Dies will ich auch diesmal wieder tun.

Doch werden in den letzten Jahrzehnten und in der Gegenwart immer deutlicher bestimmte Merkmale der „kritischen Situation", wie sie für die tierischen Sozietäten im Zustand der Übervölkerung beschrieben werden konnten, auch in der menschlichen Sozietät bemerkbar, so daß der Biologe nun wohl die Pflicht hat, auf gewisse Beobachtungen auch in Hinblick auf gegenwärtige und für die Allgemeinheit immer bedeutungsvoller werdende Erscheinungen in der menschlichen Sozietät hinzuweisen.

So seien in dieser neuen Auflage den 9, stark erweiterten Kapiteln 10 weitere hinzugefügt; darin mache ich den Versuch, die bisher aufgeworfenen und an tierischen Sozietäten behandelten Fragen in Hinblick auf menschliche Sozietäten zu prüfen. Glaube ich doch, daß alle Fragen der Raumordnung und der Raumsanierung, die heute für die Menschheit schlechthin lebenswichtige Bedeutung gewonnen haben und die unter dem Ausdruck „Naturschutz" von den meisten Beteiligten in ihrer Dringlichkeit gar nicht wahrgenommen werden, nur gelöst werden können, wenn solche Bemühungen um dynamische Raumordnung und Umwelt-gerechtes Verhalten eine die Zusammenhänge zeigende theoretische Durchdringung erfahren. Die hier gemachten Ausführungen sollen zu dieser gedanklichen Klärung einen Beitrag liefern.

Dieses kleine Büchlein soll sich nicht nur an Fachwissenschaftler, sondern vor allem an diejenigen wenden, welche sich aus ökonomischen, aus pädagogischen oder aus praktisch-politischen Gründen mit den Phänomenen des kritischen Raumes auseinandersetzen müssen. So seien alle in rein wissenschaftlich-taxonomischen Publikationen üblichen typographischen Gepflogenheiten, vor allem die Kursivschrift, wo wissenschaftliche Tiernamen benutzt werden, vermieden, und es wurde auch, um die Lesbarkeit (und Benutzbarkeit) zu erhöhen, gerade der rein biologische Teil möglichst knapp gehalten und in viele überschaubare Einzelabschnitte zerlegt. Dem gleichen Zweck dienen das Tiernamen- und das Sachregister am Schluß des Buches, die ihrerseits den an so viele Einzeltatsachen und Einzelbegriffe gebundenen Stoff besser aufschließen sollen.

Wilhelm Schäfer

Frankfurt am Main, den 1. Mai 1971

I. Tierische Sozietäten

Die vergleichende Verhaltensforschung hat uns in den letzten Jahrzehnten für viele Tierarten die dort herrschende soziale Ordnung, die Beziehungen der Individuen untereinander, insbesondere Fragen der Kommunikation, der Rangordnung und der Ausdrucksbewegungen, deutlich gemacht. In diese Fragestellung wollen wir hier nicht eintreten. In den folgenden Kapiteln sollen vielmehr tierische Sozietäten daraufhin untersucht werden, in welcher Weise sie in ihren einzelnen Gliedern und als Gesamtheit unter den Bedingungen des Bevölkerungszuwachses und der Übervölkerung leben und welche Reaktionen an diesen Sozietäten zu beobachten sind; vor allem aber sollen sie in Schemabildern die festgefügten und in einzelne Seinsstufen gegliederten Lebensabläufe verdeutlichen. Dieser Untersuchung wollen wir sessil und vagil lebende marine Sozietäten, solche des Benthos, des Nekton und des Plankton[2]) und auch solche der terrestrischen Bereiche unterziehen.

---

[2]) Benthos (nach E. Haeckel 1890) = Die am Boden eines Gewässers lebenden Organismen; meist in Lebensgemeinschaften aus vagilen (freibeweglichen) und sessilen (festsitzenden) Formen bestehend.

Nekton (nach E. Haeckel 1890) = Die im freien Wasser durch fördernde Eigenbewegungen schwimmenden Tiere.

Plankton (nach V. Hensen 1887) = Die im freien Wasser treibend oder schwebend lebenden Organismen (Phytoplankton, Zooplankton). — Vgl. dazu Murawski 1963.

1. Die „solitäre" und die „soziale" Existenz

Wir wissen, daß nicht jede Ansammlung von tierischen Lebewesen, die einer einzigen Art angehören, als Sozietät[3]) zu bezeichnen ist. In vielen Fällen hat nur die Gunst des Ortes (reichliches Nahrungsangebot, bestimmte Lichtverhältnisse, günstige Temperaturen usw.) die einzelnen Individuen zusammengeführt; mit dem Erlöschen günstiger Lebensbedingungen löst sich die (temporäre) Ansammlung auf. Ihre Individuen sind solitär (einzeln) lebend und treten – wenn sie auf engem Raum versammelt sind – nicht in sozialen Austausch.

Andere Tierarten aber zeigen als Ansammlung diese eben vermißten Beziehungen und sind in ihrem Verhalten zuein-

---

[3]) „Sozietät" sollte nicht mit „Biozönose" oder mit „Ökosystem" verwechselt werden. Sozietäten sind Individuen-Verbände, die einer einzigen Tierart angehören und in einer später zu klärenden Weise aufeinander bezogen sind; allerdings bilden die im Paarungsverhalten aufeinander bezogenen zwei Individuen noch keine Sozietät. Biozönosen sind Individuen-Verbände, die, aus vielen Tier- und Pflanzenarten zusammengesetzt, auf einen bestimmten Lebensraum (Biotop) bezogen sind und untereinander in einem synökologischen Gleichgewicht stehen (Biozönose = Lebensgemeinschaft, vgl. Möbius 1871, 1877). Sozietäten pflegen Teilhaber an einer Biozönose zu sein. Ökosystem (Ecosystem, Biosystem) ist eine natürliche Einheit aus belebten und nichtbelebten Anteilen, wobei der organische Anteil eines Ökosystems „Biozönose" (Lebensgemeinschaft) und der anorganische Anteil „Biotop" (Lebensraum, Standort, Habitat) genannt werden. Biotop und Biozönose stehen in Wechselwirkung und sind als Einheiten ein System, in welchem Stoffumsätze (offene und geschlossene Stoffkreisläufe) sich abspielen. An Ökosystem-Grenzen sind entweder plötzliche Wechsel der Lebensbedingungen, meist durch harte Biotopwechsel bedingt, zu beobachten, oder es sind Übergangszonen mit Bedingungsgefällen ausgebildet (Schäfer 1963, Tansley 1923, Thienemann 1939, 1956).

Der Gegensatz zu dem biologischen Phänomen „sozial" ist nicht „asozial", vielmehr „solitär" = einzellebend. „Asozial" nennen wir ein Individuum, welches einer sozial lebenden Art angehört, sich den Gesetzen in der Sozietät aber nicht unterordnet. Auch die Individuen solitär lebender Tierarten finden sich gelegentlich zu Massenansammlungen zusammen. Diese beruhen auf (temporär auftretenden) günstigen Lebensbedingungen an bestimmten Orten. Die sich hier (nur aus Gründen der Gunst des Ortes) zusammenfindenden Individuen treten jedoch nicht in „soziale" Beziehung; denn zur Sozialbildung (Soziabilität) gehört eine artgemäße Anlage.

System = Zusammenschluß eines Mannigfaltigen zu einem einheitlichen und wohlgegliederten Ganzen, in dem das Einzelne im Verhältnis zum Ganzen und zu den übrigen Teilen die ihm angemessene Stelle einnimmt (Schmidt 1969).

ander in irgend einer Weise organisiert[4]); in welchen Weisen dies geschieht, darüber soll im Folgenden gesprochen werden. Solche Arten nennen wir s o z i a l lebend.

Wie das Soziale und wie das Solitäre zu definieren wären und welche der beiden Gruppen wir jeweils vor uns haben, wird erst deutlich, wenn Individuen-Ansammlungen einer Spezies gezwungen sind, auf eine räumliche Verdichtung ihrer Bevölkerung (durch Einengung des Lebensraumes oder durch Vermehrung der Individuen im gegebenen Raum) zu antworten. Die Reaktionsweise der Ansammlung auf eine solche Situation macht uns erst damit bekannt, welcher Art diese Ansammlung ist, ob sie sich also aus solitär oder aus sozial lebenden Individuen zusammensetzt. Gewiß kennen wir heute bereits viele Tierarten, die als sozial anzusehen sind. Wir kennen sie aber noch keineswegs alle oder gar die besondere Weise ihres sozialen Verhaltens. Die Eigenschaft des Sozialen oder die des Solitären ist Arten-Merkmal.

---

[4]) Organisation in der Sozietät = gegenseitige, auf ein gemeinsames Ziel gerichtete Verhaltensweisen unter Individuen gleicher Art. Organisation = planmäßige Gestaltung; organisieren = einrichten, bilden, anordnen; organisch = mit Organen versehen, belebt, gesetzmäßig geordnet.

2. Die kritische Situation und der kritische Raum

Jedes Individuum – ob einer solitär oder einer sozial lebenden Tierart angehörend – verlangt einen gewissen Raum zum Leben, aus dem es alle Lebensnotdurft schöpfen kann. Steigt die Individuenzahl in einem gegebenen Areal durch Zuwanderung oder durch die laufende Vermehrung der Individuen, so steht in absehbarer Zeit dieser individuelle Lebensraum nicht mehr für alle Individuen zur Verfügung. Es muß zu ± weitgreifenden Ausfällen aus Gründen der Übervölkerung[5]) kommen.

Der Begriff „Lebensraum" meint die Umwelt eines Individuums, soweit sie rein räumlich und nach dem Angebot an Lebensnotwendigem für ein Individuum gegeben sein muß, soll es existieren. Der Lebensraum stellt das Individuum vor viele einzelne Faktoren: nach Schwerdtfeger (1968) sog. „Requisiten", also im Raum angeordnete Substanzen und bestimmte Verhältnisse, sowie andere Organismen, auch die Artgenossen. Dieser vielfältige und vielgliedrige Lebensraum enthält neben den für das Beispiel-Individuum notwendigen „Requisiten", auch gleichgültige und sogar schädliche Faktoren. Der Lebensraum ist Ausschnitt eines Ganzen mit Systemcharakter, und das Individuum ist in dieses Ganze eingeschlossen bzw. steht diesem Ganzen gegenüber. Trotzdem wird, wie wir sehen werden, bei Zunahme der Bevölkerungsdichte einer Population im gegebenen Raum letzten Endes *ein* Faktor oder *eine* Faktorenkombination (gestaltet durch die Lebenstätigkeit der eigenen Artgenossen) die augenblickliche Lebenssituation jedes einzelnen Individuums und die Bedingung, zu existieren oder unterzugehen, bestimmen. Wir sprechen von der *kritischen Situation*, in die ein Individuum von einer gewissen Populationsdichte ab gerät. Welcher Faktor (oder welche Faktorenkombination) von einer gewissen Populationsdichte ab kritisch sich auswirkt, wechselt von Situation zu Situation und von Spezies zu Spezies. Welche sie auch sind, sie werden für unser

---

[5]) Übervölkerung: Der Ausdruck meint in unserem Sprachgebrauch etwas Quantitatives. Er meint, daß von einer bestimmten Bevölkerungszahl an bestimmte (lebensnotwendige) Verrichtungen oder Bedürfnisse nicht mehr von allen im gleichen Lebensraum lebenden Individuen befriedigt werden können. In einem bestimmten Areal ist die Nachfrage aus Gründen der Bevölkerungszahl größer als das Angebot. Der Ausdruck „Übervölkerung" ist auf solitär lebende und auf sozial lebende Arten in gleicher Weise anwendbar.

Abb. 1. Zehnfußkrebs Hyas araneus, zu deutsch: Seespinne (aus Schäfer 1954).

Beispiel-Individuum erst wirksam unter bestimmten räumlichen Verhältnissen. Und wir sprechen daher vom „kritischen Raum“.

Zum näheren Verständnis des Begriffs „Lebensraum“ sei noch besonders bemerkt: „Lebensraum“ (Biotop) ist ein ökologischer Begriff; „Territorium“ und „Revier“ sind ethologische Begriffe. Lebensräume sind Areale, auf welche die Individuen einer Spezies aus funktionellen und physiologischen Gründen bezogen sind. Das Einzelindividuum der betreffenden an einen bestimmen Lebensraum gebundenen Spezies benötigt nur einen gewissen Ausschnitt aus dem viel größeren der Spezies gemäßen Lebensraum. Territorien und Reviere hingegen sind Bereiche, welche einzelne Individuen durch aktive Maßnahmen (Verteidigung von Revier- und Territorialgrenzen!) für sich und den eigenen Gebrauch offen halten. Eibl-Eibesfeld (1969) definiert: Wir „sprechen dann von einem Territorium (syn. Revier), wenn ein Gebiet von einem Tier oder einer Tiergruppe gegen bestimmte Mitglieder der gleichen Art ... verteidigt wird“.

Es seien zunächst an Kurzschwanzkrebsen (Brachyura) der Begriff des Lebensraumes, wie wir ihn hier verstanden wissen wollen, und die Wirkung seiner Schmälerung skizziert:

Für die in der Nordsee lebende Seespinne Hyas araneus (Abb. 1) ist jedesmal der mit der Häutung des Panzers[6]) ver-

---

[6]) Das Wachsen von Krebsen ist an periodische Häutungen des Panzers gebunden (Schäfer 1951, 1954 u. 1962). Jedes Individuum häutet sich im Leben viele Male, auch noch als geschlechtsreifes Tier. Der vor der Häutung gebildete neue Panzer ist noch mehrere Tage nach der Häutung weich und kann von den Scheren und Mundwerkzeugen der Artgenossen zerstört werden.

bundene Zustand der Wehrlosigkeit in ihrem Leben ein kritischer, solange Artgenossen sich in Nachbarschaft und in solcher Bevölkerungsdichte aufhalten, daß die Sinnesorgane der Artgenossen den sich häutenden Krebs erfassen müssen; sie überfallen den wehrlosen Artgenossen und fressen ihn auf. Hyas (und zwar jedes einzelne Individuum) benötigt also zur erfolgreichen Überwindung dieses Zustandes der Existenzgefährdung mindestens soviel (oder mehr) räumlichen Abstand von ihren Artgenossen, wie die Leistungsfähigkeit der Sinnesorgane dieser Art reicht. (Da die Seespinnen nicht an einen Ort gebunden sind, sich vielmehr im Raum bewegen – wir sagen „vagil" sind –, erfährt die praktische Wirksamkeit ihrer Sinnesorgane im Lebensraum eine beträchtliche Steigerung.)

Übrigens beobachten wir an in Gefangenschaft gehaltenen Krebsen (brachyuren und macruren Krebsen), daß die Tiere 1-2 Tage vor der Häutung gegen Artgenossen besonders aggressiv sind. D. h. sie suchen sich einen Freiraum zu schaffen, um zur Zeit der Häutung (und Wehrlosigkeit) ungestört zu sein (Modellfall des Präventivkrieges).

Wie Hyas, so sind die meisten der uns bekannten decapoden (zehnfüßigen) Krebse solitär lebend. Sie zeigen gegenüber dem Artgenossen keine Tötehemmung (Ausnahme: zu bestimmten Zeiten Männchen gegenüber weiblichen Tieren).

Wir sagen, Hyas benötigt, um existieren zu können, einen gewissen, nur ihr zur Verfügung stehenden Lebensraum. Wir sprechen, wie oben schon verdeutlicht, vom „kritischen Raum", der jedem Individuum, soll es existieren, zur Verfügung stehen muß (Abb. 2).

Der kritische Raum, der bei Hyas ein „sensitiver" Raum war (weil er in seinen Maßen bestimmt wird durch die Leistungsfähigkeit der Sinnesorgane der an der Ansammlung beteiligten Individuen), hat für jede Tierart eigenen Charakter. Er kann klimatischer, respiratorischer, hygienischer und photischer Natur sein, er kann auch Fraß-, Brut-, Siedlungs- und Bewegungsraum sein, je nach den funktionellen und gestaltlichen Gegebenheiten, die jede Art in eine fest bestimmte Beziehung zu ihrer belebten und unbelebten Umwelt stellen. Dieser kritische Raum ist also qualitativ und quantitativ durch die Eigenschaften der betreffenden Art und durch die des Lebensraumes bestimmt; wobei sich die Raumquantität, die jedes Individuum benötigt, aus der Raumqualität, die ihm durch seine Eigenschaften in seinem Lebensraum gegeben ist, ableitet. Raumqualität und Raumquantität sind also bezogene Größen und sind Art-gebunden. Ein Zusammenrücken der einzelnen Individuen über den im kritischen Raum gegebenen Abstand hinaus führt zur Vernichtung der jeweils in kritischer Situation befindlichen Individuen (Schäfer 1951).

„Kritischer Raum" und „Kritische Situation" sind die beiden Begriffe, unter welchen jede Ansammlung von Individuen einer solitär (oder sozial) lebenden Tierart zu betrachten ist, wenn über ihr Gefüge, ihre Dynamik und ihr Verhalten im Bevölkerungsdruck ausgesagt werden soll.

Wenn wir die Theorie des kritischen Raumes in einzelnen Hauptsätzen zur Darstellung bringen wollen, so lauten der 1. und der 2. Hauptsatz:

Der kritische Raum ist das Areal, welches jedes Individuum einer Tierart als Minimum zur Verfügung haben muß, soll es existieren.

Die kritische Situation ist der Zustand, der im gegebenen Areal durch Vermehrung der Individuenzahl zur Verletzung des kritischen Raumes führt.

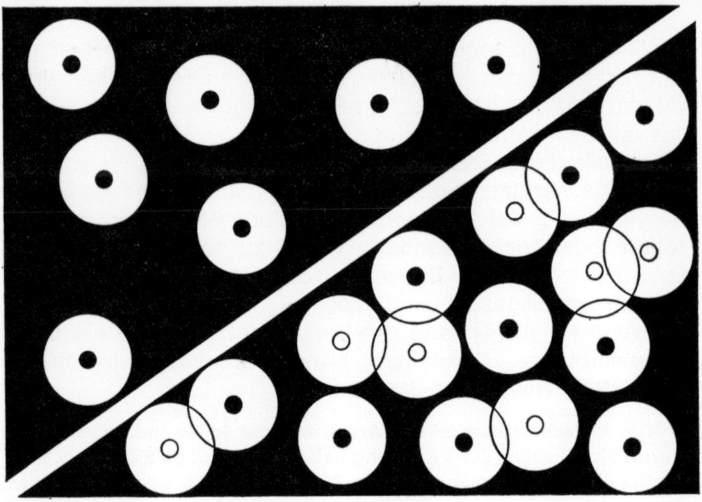

Abb. 2. Schema zur Darstellung einer solitär (einzeln) lebenden Tierart. Die einzelnen Individuen sind als dicke Punkte dargestellt, umgeben von ihrem „kritischen Raum".
Oben: Die hier lebenden Individuen können sich auf der gegebenen Fläche so verteilen, daß ihre kritischen Räume sich nicht überschneiden.
Unten: Die Zahl der auf der gegebenen Fläche lebenden Individuen hat sich so vergrößert, daß sich die kritischen Räume einzelner Individuen überschneiden. In solchem Falle geht jeweils eines der beiden Individuen zugrunde (weißer Punkt).

3. Die solitär lebende Spezies

Das Beispiel Hyas, das auch an anderen decapoden Krebsen entwickelt werden könnte, zeigt, daß die Bevölkerungsdichte in einem gegebenen Raum reguliert wird durch die Ausmerzung einzelner Individuen, und daß die Vernichtung von Individuen so lange anhält, bis die verringerte Bevölkerungsdichte eine räumlich gesicherte Häutung der einzelnen Individuen, wann auch immer sie eintritt, zuläßt. In solcher Weise (nämlich dadurch, daß bei Überschreiten einer kritischen Grenze nach innen je eines der betroffenen Individuen durch Tod ausfällt) erfolgt die Regulierung der Bevölkerungsdichte überall bei solitär lebenden Tierarten (Abb. 2). Wir sagen:

Die Regulierung der Bevölkerungsdichte bei solitär lebenden Tierarten erfolgt – und darin erkennen wir den 3. Hauptsatz – **auf Kosten des einzelnen Individuums.**

Um es für die solitär lebende Spezies zu wiederholen: Der Anlaß dafür, daß Individuen der gleichen Art in bestimmter kritischer Situation, das heißt immer in bestimmter räumlicher Beziehung, sich gegenseitig auslöschen, ist von Tierart zu Tierart verschieden. Er ist bestimmt durch die in den Eigenschaften der Art und in den Eigenschaften des Lebensraumes liegenden Bedingungen; diese Bedingungen schaffen für die betreffende Spezies die Raumqualität und davon abhängig die Raumquantität, die als „kritischer Raum" jedem Individuum jeder Art zugeordnet ist.

4. Der Lebenslauf sessiler Sozietäten

Wo der Einzelorganismus Beziehungen zu Artgenossen aufweist, die wir als soziale Beziehungen zu bezeichnen pflegen, sind durch Vermehrung der Individuen sich entwikkelnde kritische Situationen überwindbar, die bei solitär lebenden Spezies tödliche Folgen hätten. Wir geben folgendes Beispiel:

Das festsitzende Kolonie-bildende Manteltier Botryllus schlosseri (Abb. 3) vermehrt sich, wenn es sich im Stadium der Kolonie-Erweiterung befindet, ungeschlechtlich[7]). Durch Abspalten junger Individuen von den vorhandenen vermehren sich 1. die sternförmig radial angeordneten Systeme der Sechser-Gruppen von Individuen bis zu Zwölfer- und Achtzehner-Gruppen mit gemeinsamer Wasserauspumpöffnung (Egestionsöffnung), und es bilden sich 2. zwischen den vorhandenen Sternsystemen durch Abspaltung neue. Wenn aber hier die zur Verfügung stehende Bodenfläche eine weitere Vermehrung nicht mehr zuläßt und damit auch diese Kolonie in eine kritische Situation gerät, geht bei dieser Spezies die Kolonie noch nicht zugrunde, es wachsen vielmehr 3. die Fußscheiben der Sternsysteme von der Unterlage weg aneinander in die Höhe (Abb. 4), und die Sternsysteme bilden tropfen- und blattförmige Ausbuchtungen und Wucherungen. Die Kolonie erobert sich die dritte Dimension. Die dadurch vergrößerte Oberfläche des Gesamt-Siedlungsbodens gibt Raum für viele neue Sternsysteme.

Aus dem Gesagten leitet sich der 4. Hauptsatz ab:

Die Möglichkeit, durch kritische Situationen bedingte Grenzen der Vermehrung der Individuenzahl im gegebenen Areal doch zu überschreiten, die bei solitär lebenden Arten unübersteigbare Grenzen sind, definiert die Sozietät.

---

[7]) Botryllus, soziale Ascidie, daher „Synascidie" (zu den Manteltieren, Tunicata, gehörig). Das aus einem Ei hervorgegangene Muttertier, die „Amme", bildet durch Knospung (im Bereich des Kiemendarmes) weitere Individuen. Diese unter gemeinsamem Zellulosemantel sternförmig angeordneten Einzeltiere ernähren sich durch Plankton, das durch einen Wasserstrom mittels einer Ingestionsöffnung in den Körper geleitet wird; das verbrauchte Wasser, beladen mit Exkretstoffen, verläßt den Körper durch eine den sternförmig angeordneten Individuen gemeinsame Egestionsöffnung.

Abb. 3. Sechserkolonie (sog. System) des Tunicaten Botryllus schlosseri durch Teilung aus einem Muttertier entstanden. Beachte: Die 6 Öffnungen zum Eintritt des Atem- und Nahrungswasserstromes (Ingestionsöffnungen) und die gemeinsame Kloakenöffnung (Egestionsöffnung) in der Mitte der Kolonie. Die Kolonie liegt in einer gemeinsamen gallertigen Mantelmasse (graue Fläche).

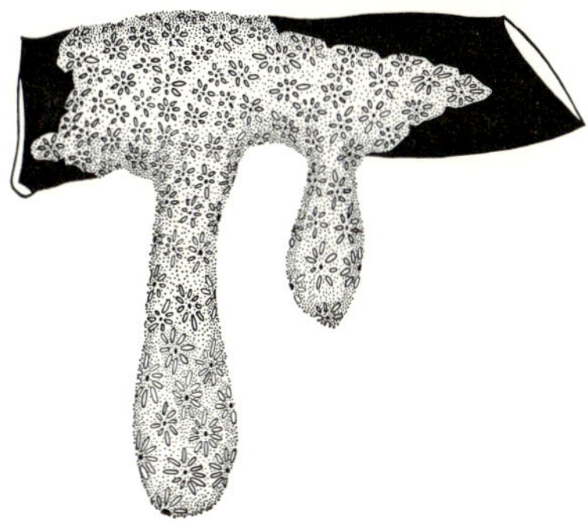

Abb. 4. Kolonie des Tunicaten (Manteltier) Botryllus schlosseri. Jedes in einer Matrix sitzende Sternchen (vgl. Abb. 3.) wird aus 6-18 Einzeltieren (mit gemeinsamer Kloake in der Mitte) gebildet. Die Großkolonie aus Hunderten von Sternsystemen bildet in diesem Stadium der Kolonie-Ausweitung tropfen- und blattförmige Wucherungen. Die so erzeugte Großkolonie kann aus hygienischen Gründen nur kurze Zeit bestehen; sie geht bei weiterer zahlenmäßiger Ausweitung in einer alle Individuen treffenden Katastrophe unter (nach Yonge 1949).

Wir erkennen also in der tierischen sozialen Gemeinschaft wirkende Sozietäts-Mechanismen, welche die auch hier auftretenden kritischen Situationen überwindbar machen. Diese in der Sozietät wirkenden Mechanismen haben ordnende[8]) Funktion.

---

[8]) Ordnung = Regel, Reihe, Reihenfolge, Stand, von lat. ordinem (Akk. zu ordo = Reihe); ordinarium = das Regelmäßige; ordinate = ordentlich, vgl. ordinieren. „Order parieren“ = einem Befehl nachkommen. „Ordnende Funktionen“ = Einzelfakten, auch Einzelobjekte nach bestimmten übergeordneten Gesichtspunkten in eine Reihe, in Beziehung zueinander, bringen (vgl. Sanders 1871, Schulz-Basler 1913 u. Kluge-Götze 1951).

Die neue räumliche Organisation der Sternsysteme der Botryllus-Kolonie – die Tropfen- und Blattbildung – hat zwar für zahlreiche weitere Sternsysteme neuen Siedlungsraum geschaffen; trotzdem aber ist eine Ausbreitung der Kolonie in der dritten Dimension nicht unbegrenzt möglich. Vergrößert sich die Kolonie weiterhin über ein bestimmtes Maß hinaus, so reicht die Kraft des Pumpmechanismus, der die Exkretionsstoffe durch die Wasserauspumpöffnungen (Egestionsöffnungen) der Systeme nach außen befördert, nicht mehr aus, um jene weit genug von der gewaltig vergrößerten Kolonie wegzudrücken. Die Kolonie stirbt aus Gründen mangelnder Hygiene[9]) ab. In durchströmten Aquarien kann Botryllus Sozietäten von 800 bis 1000 Systemen erreichen. Der Gesamtdurchmesser der Kolonie beträgt dann etwa 30 cm.

Die Zerstörung der Kolonie hat, wenn sie einmal einsetzt, den Charakter einer Katastrophe[10]). Eine Botryllus-Kolonie, die sich während 4-5 Monaten zu der Optimalgröße ausgewachsen hat, wird, weil alle Individuen der Kolonie unter der geschil-

---

[9]) „Hygiene“ ist eine aus menschlichen Bereichen entnommene Bezeichnung (Hygieia = Göttin der Gesundheit, Hygieia ars, Kunst der Hygiene = der Gesundheit zuträglich). Sie benennt Methoden der Behandlung von schädigenden Stoffen, Abfallstoffen und Endprodukten, die im Lebensprozeß eines Individuums oder einer Sozietät anfallen und die, verbleiben sie im Organismus oder in der Sozietät, lebensfeindliche Bedeutung erlangen (hygienisch = gesundheitsdienlich). Es bleibt die Frage, ob diese Bezeichnung auf ein Geschehen in der tierischen Sozietät angewendet werden darf. Sie darf es nach unserer Ansicht, selbst wenn sie nur metaphorisch, als Bild, gedacht wäre. In unserem Fall aber decken sich die Sachverhalte selbst. So halten wir es für tragbar, die beschriebene Erscheinung eines in der tierischen Sozietät in Maßnahme und Wirkung gleichen Geschehens mit dem schon vorhandenen Namen zu bezeichnen. Wenn „Sozialhygiene“ ein Regulativ der Sozietät bei zunehmender Siedlungsdichte ist, und ihre Erscheinung uns im Bereich menschlicher Sozietät zuerst bekannt wurde und daraufhin eine Bezeichnung erhielt, so liegt dies nur an der früheren Kenntnis dieses bestehenden Regulativs für die menschliche Sozietät und daran, daß dieses Regulativ ins Bewußte gerückt ist, nicht aber daran, daß es nur hier seine Gültigkeit hätte (Portmann, 1953, benutzte bereits diese Bezeichnung für tierische Verhaltensweisen); vgl. auch Gärtner & Reploh 1964.

[10]) Katastrophe = Unheil, Verhängnis, entscheidende Wendung im Ablauf der Ereignisse, meistens vernichtender Vorgang, ausgelöst in Grenzsituationen, häufig durch aufgestaute, plötzlich freiwerdende Kräfte; letzte Ursachen meistens kleiner als Wirkung (Katastrophe = Wendepunkt und Umschwung der Handlung im Drama), (Sanders 1871).

derten letal wirksamen hygienischen Bedingung stehen und der Vorgang der schnellen Verwesung der schon getöteten auf die Kolonie im ganzen wirkt, in 2-3 Tagen völlig vernichtet. Es bleibt kein Tier am Leben. Wenige flockige Gewebereste erinnern noch kurze Zeit an die ehemaligen Ausmaße und an das Vorhandensein einer Kolonie überhaupt.

Der Einwand, daß die mögliche Größe einer Botryllus-Kolonie in der Lebensdauer der Individuen begründet liege, und daß damit ihre Dauer nicht in Sozietäts-bedingten Schwierigkeiten zu suchen sei, erscheint nicht berechtigt, weil die einzelnen Individuen der Kolonie von ganz verschiedenem Alter sind. Die mittleren sind die ältesten und haben sich längst auf sexuellem Weg fortgepflanzt, ehe die ganz jungen, randständigen Individuen überhaupt auftreten. Kommt aber die Zeit der Vernichtung, wie wir hörten durch mangelnde Hygiene in der Kolonie ausgelöst, sterben alle – die jungen und die alten – gleichzeitig.

Die Ordnungsmechanismen, die eine Vergrößerung der Botryllus-Kolonie über *eine* kritische Situation hinaus zustande brachten (und die die eigentlichen Sozietätswerte ausmachen), reichen nicht aus, die neu entstandenen Forderungen der Hygiene zu erfüllen. In der Meisterung der ersten kritischen Situation liegt der Keim für das katastrophale Maß der Vernichtung, wenn eine 2. kritische Situation eine solche Sozietät trifft. Da sie von dieser Tierart nicht überwindbar ist, können wir sagen, daß für Botryllus der hygienische Raum der kritische ist.

Es handelt sich also um einen zweiten kritischen, auch hier an den Raum gebundenen Zustand – nämlich die zunehmende Vergiftung der Siedlung durch eigene Abfallstoffe –, welche nun, nachdem der erste Schritt zur Gemeinschaft getan, nicht mehr nur das Einzelwesen betrifft, sondern die Gemeinschaft; er verlangt Mechanismen zu seiner Meisterung, welche die völlig neuartigen, in anderer Richtung als bisher liegenden Gesichtspunkte eines hygienischen Raumes aufwerfen. Die Botryllus-Gemeinschaft vermag die neue Konstellation nicht zu bewältigen, d. h. es liegen keine Verhaltensweisen, die Situation zu überwinden, vor; die Sozietät geht in einer Katastrophe unter. (Die während des Wachstums der Kolonie freiwerdenden, geschlechtlich entwickelten, freischwimmenden Larven, die sich an weiter entfernt liegenden Orten festsetzen, garantieren die Erhaltung der Art.)

Schildern wir nun die Entwicklung einer Sozietät, welche bei Vermehrung der Individuenzahl mehr als eine kritische Situation zu überwinden vermag:

Der in der südlichen Nordsee lebende Schwamm Halichondria panicea (Brotkrustenschwamm) zeigt sich mit der Vermehrung der beteiligten Einzelzellen in einer Anzahl von Wuchsformen.

In unserem Zusammenhang fassen wir diese mit der Zahl der beteiligten Zellen in der Wuchsform unterschiedlichen Zellverbände (und auch wegen des hohen Freiheitsgrades der einzelnen Zellen) als eine Reihe von einander sich ablösender sozialer Stadien auf (vgl. dazu Ankel 1964).

Die erste (und häufigste) Wuchsform ist das Stadium einer kaum 5 mm dicken, dicht an einer harten Unterlage angewachsenen Kruste, die sich flächenhaft nach allen Seiten ausbreitet (daher zu deutsch: Brotkrustenschwamm). Die weiten Ausströmöffnungen (Oscula), die der Entwässerung des Schwammkörpers dienen, stehen im Abstand von 1-2 cm über die Kruste verteilt (Abb. 5). Die Ausströmöffnungen (Egestionen) dienen mehreren Individuen. Die Sozietät hat in diesem Stadium eine Flächenausdehnung bis 12 cm Durchmesser.

Weiteres Bauen von Entwässerungskanälen mit einem Osculum am Ende (Egestion) garantiert bei weiterem Wachsen der Sozietät nach den Seiten keine Entgiftung mehr – genau so wie dies für Botryllus galt. Der Art Botryllus brachte diese Situation die Katastrophe. Für Halichondria bringt eine kragenförmige Überhöhung des Osculums um mehrere Millimeter den Ausweg. Die Abwässer werden ausgestoßen, ohne die Sozietät zu gefährden. Mit zunehmendem Ausbreiten der Sozietät nach den Seiten wachsen die Oscula schließlich zu schornsteinartigen Röhren in die Höhe; sie werden bis 3 cm lang. Werden sie länger, können sie auf Grund ihres Eigengewichtes nicht mehr gerade in die Höhe wachsen, sie sinken um oder werden von Strömungen abgebogen. Damit schwindet ihre Bedeutung als Abwasser-ableitende Röhren.

Aber auch diese kritische Situation, in die die Sozietät durch Vermehrung geraten ist, kann noch überwunden werden: Es bilden sich Schornstein-artige Ausströmöffnungen nicht wahllos über die Sozietät verteilt aus, sondern die Schornsteine werden in Reihen so gelegt, daß sie, zu Batterien aneinander geschlossen, zu langen Röhren emporwachsen. Röhren-Batterie wächst über Röhren-Batterie fächerförmig in die Höhe (Abb.

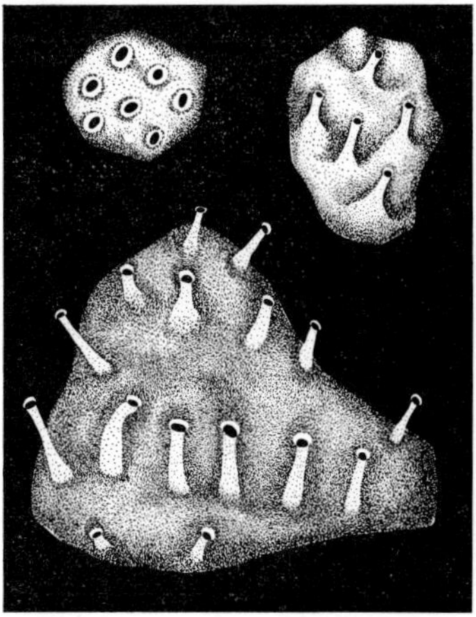

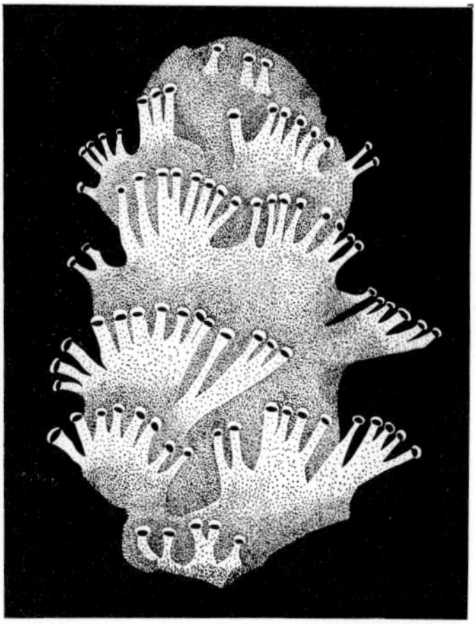

5 6

Abb. 5. Der marine Schwamm Halichondria panicea aus der Nordsee: 3 Stadien der Ausdehnung; mit zunehmender Flächenausdehnung des Schwammkörpers erhöhen sich die Stiele der Wasser-Ausströmöffnungen (Oscula).

Abb. 6. Der marine Schwamm Halichondria panicea, im 4. Stadium seiner Wuchsformen. Die Ausströmöffnungen (Oscula) liegen in Röhrenbatterien, welche in Reihen und radiär geordnet sind und in Stockwerken übereinander liegen.

6). Dieser Zusammenschluß der Röhren ermöglicht es, daß sie 1. wesentlich länger werden können – sie wachsen bis auf 10 cm lang aus – daß sie 2. durch Wasserströmungen und eigenes Gewicht nicht umgeknickt und umgeworfen werden, daß sie 3. immer gerade gestreckt sind und daß sie 4. in der Batterie und von Batterie zu Batterie radiär nach außen weisen können und diese Lage auch beibehalten. Aus den großen Strömungsrinnen des Wattenmeeres der Nordsee-Küste werden Kolonien heraufgeholt, die 6-8 brettartige Röhren-Batterien übereinander ausgebildet haben.

3 kritische Situationen haben die Sozietäten von Halichondria überwunden:

drohende Vergiftung – durch Ausbildung von kleinen Röhren;
drohende Vergiftung – durch Verlängern der Röhren;
drohende Zerstörung der langen Röhren – durch Ordnen der Röhren zu Röhren-Batterien.

Die Sozietät kann in dieser Ordnung zu 40 cm großen Stökken heranwachsen, darüber hinaus aber ist der Stock als Konstruktion, also in bezug auf die architektionische Form und auf das Gefüge der tragenden Teile (Skelett-Nadeln), durch die im Lebensraum vorhandenen oder gelegentlich auftretenden Strömungs- und Seegangskräfte zu sehr beansprucht. Die Sozietät findet damit ihren katastrophalen Untergang. Gewisse Bedingungen der Stabilität innerhalb der festsitzenden Sozietät, die bei Erreichen einer bestimmten Körpermasse nicht mehr gegeben sind, sind das Maß möglicher Anhäufung von Individuen in der Sozietät Halichondria. Ihr kritischer Raum ist also ein „statischer Raum".

Bei diesem Beispiel Halichondria wird erstmals deutlich, wie in der Sozietät jede Maßnahme, die zur Befriedigung eines Bedürfnisses (oder zur Behebung eines Notstandes) ergriffen wird, eben nur für die Situation des Augenblicks und für dieses *eine* Bedürfnis gilt, wir sagen: einen „Pluseffekt" darstellt. Und wir sehen, wie dieser Pluseffekt von Anfang an seine destruktive Rückseite hat, wir sagen: von einem „Minuseffekt" begleitet ist, der bei weiterer Zunahme der Bevölkerung sehr bald den Pluseffekt zu übertreffen beginnt. Dieser in der Sache liegende und daher nicht vermeidbare Doppeleffekt, der allen Maßnahmen in der Sozietät zugrunde liegt, schafft in der wachsenden Sozietät die beobachteten, immer neuen und in ihrem Charakter wechselnden Notstände, wir sagen die „kritischen Situationen (siehe auf S. 92 über Plus- und Minuseffekte).

Die hier an den Beispielen Botryllus und Halichondria aufgezeigten regelhaften Abläufe führen zum 5. Hauptsatz:

Zum Merkmal jeder tierischen sozialen Spezies gehört eine bestimmte Anzahl von ihr überwindbarer, kritischer Situationen. Die Sozietät endet, vermag sie auszureifen, mit der Katastrophe.

Wir sind, wie ich dies für die eben besprochenen Beispiele Botryllus und Halichondria tat, heute zwar in der Lage, beschreibend über viele Bewegungs- und Wachstumsvorgänge in der Sozietät, über Maßnahmen des Bauens und des Umbauens von vorhandenen Bauwerken und auch über Umkonstruktionen am sessilen Tierkörper infolge kritischer Situationen auszusagen. Wir sind aber nur für die wenigsten Fälle in der Lage, biologisch analysierend die wirkenden Faktoren im Sozialgeschehen, insbesondere die Mechanismen des Reiz- und des Antwortgeschehens (als Bewegungen, als Wachstumsvorgänge) voneinander zu trennen, anzusprechen und in ihren Bedingungen zu verstehen.

5. Der Lebenslauf vagiler Sozietäten

Bisher betrachteten wir Sozietäten festsitzender (sessiler) Arten, für die eine räumliche Beziehung besonders deutlich war. Sozietäten nicht sessiler Arten sind in gleicher Weise an diesen Raumfaktor gebunden. Besonders seit Hediger (1942 u. 1946) auf Grund seiner Erfahrung an in Gefangenschaft lebenden Tieren darauf aufmerksam gemacht hat, daß auch das nicht sessile Tier in sehr starkem Maße Raum-gebunden ist und ihm in der Freiheit keineswegs ein unendlich großer Raum zur Verfügung steht, und daß der Zwang zu Ortsveränderungen Ausdruck eines „Raum-Zeit-Systems höherer Ordnung“ ist, werden die Zusammenhänge deutlicher. Wenn solche Sozietäten, die in sehr vielen Fällen – mindestens zur Zeit der Brut – an ein gemeinsames „Heim“ gebunden sind, durch Vermehrung an diesem Ort in kritische Situation geraten, vermögen die Fähigkeiten der Organisation (s. [4])) und der technischen Leistung[11]) diese zu überwinden. Als Sozietäten, die nur zur Zeit der Brut an bestimmten Orten größere Zahlen und größere Dichte erreichen, sogenannte „Schwarmgesellschaften“, seien neben anderen die Nördliche Pelzrobbe (Callorhinus ursinus) genannt, welche zur Zeit der Fortpflanzung die Meeresstrände ihrer Brutinseln im Beringmeer-Gebiet in Kolonien von mehreren hunderttausend Tieren besetzt hält (Baker & Wilke & Baltzo 1970); oder es seien die Kolonien von Kaiserpinguinen (Aptenodytes forsteri) mit ihren Kindergärten genannt oder auch die Schwärme der Stare und anderer Vogelarten.

Übrigens sind solche Gemeinschaften (der Schwarmbildung) dem Wesen nach etwas anderes als diejenigen, welche durch Wachstum, Vermehrung und durch allmähliches Abstufen (also auf Grund von Familiengründungen) entstehen. So unterscheidet Tinbergen (1955) Gesellschaftsformen mit dem Kennzeichen der „Differenzierung“ (Sonderung, Abstufung) von denen der „Integration“ (Vervollständigung), die beide „in entgegengesetzten Richtungen“ liefen. Auch Remane (1960, 1971) weist auf diese beiden möglichen Ausgangslagen hin: der Schwarmbildung (Gregarismus) hier und der sich entfaltenden Familie (Familienaggregation, Sippe) dort. In beiden Fällen aber treten, sind

---

[11]) Technische Leistung = Prozeß mechanischer Gestaltung unter Verwendung sach-bezogener Mittel; leisten (nach Kluge & Götze 1951) = ein Gebot befolgen und ausführen, einer Pflicht nachkommen.

Abb. 7. „Ameisengärten“: Nestanlagen in tropischen Überschwemmungsgebieten, als Erd- oder Humusbau ausgeführt. Unten: „Garten“ der Ameise Camponotus femoratus, kugelförmig und mit Epiphyten besiedelt (nach Ule, aus Escherich, abgewandelt).

Abb. 8. Arbeiterin der Ameise Oecophylla, eine Ameisenlarve mit den Mandibeln haltend. Die Larve sondert einen Gespinstfaden ab, der zum Verkleben des aus Blättern gebauten Nestes dient (nach Doflein aus Escherich 1917).

erst einmal Sozietäten mit vielen daran beteiligten Individuen entstanden, Phänomene der kritischen Situation und des kritischen Raumes bei Bevölkerungszunahme auf.

Im Falle der technischen Leistung vermag die tierische Sozietät Umwelt-gestaltend im Sinne der gestaltenden Sozietät zu wirken (vgl. Biber – Castor fiber, viele Insekten), und diese Umprägung der gegebenen physischen Umwelt macht einerseits die Sozietät unabhängig von ihrer Umwelt, bindet aber das Individuum andererseits um so fester an die Sozietät selbst. Wir kennen also bei tierischen Sozietäten Verhaltensweisen, die sich durch den Gebrauch von „Werkzeugen“ derart wirksam erweisen, daß wir durchaus in diesem Zusammenhang von

Abb. 9. Zwei Blätter werden von den Arbeiterinnen der Ameise Oecophylla mit Hilfe der abgesonderten Gespinstfäden ihrer Larven „zusammengenäht" (nach Doflein aus Escherich 1917, abgeändert).

„Technik" und von technisch gestalteter Umwelt sprechen können; vgl. die „Hängenden Gärten" (Abb. 7, 8 u. 9) der mit ihren Puppen webenden Ameisen Camponotus und Oecophylla, die Baumnester bauen (Doflein 1905, Goetsch 1940), die Ameise Polyrhachus, welche mit Hilfe ihrer Faden-spinnenden Larven Gespinstnester bauen (Abb. 10) oder die Pilz-züchtenden Ameisen (Abb. 11), die Erscheinung der Trophobiose, d. i. das Zu-

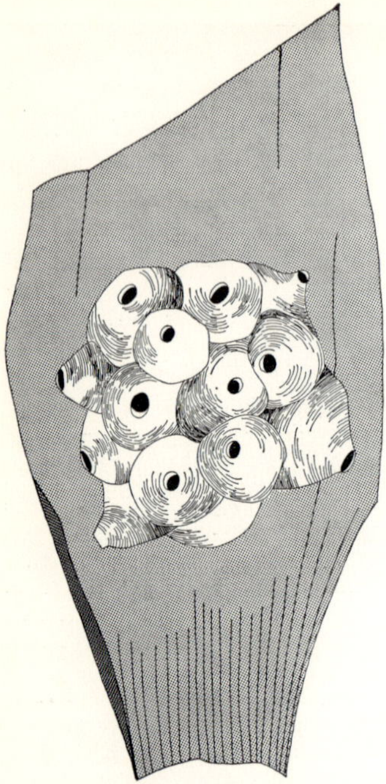

Abb. 10. Gespinst der Ameise Polyrhachis hippomanes als „Wabengruppe“ auf einem Blatt. Die Gespinstfäden zum Aufbau des Nestes liefern die Ameisenlarven, welche einen kontinuierlichen Gespinstfaden ausscheiden. Die Larven werden von den erwachsenen Ameisen mit den Mandibeln gehalten und geführt. Gleiche Verhaltensweisen zeigen auch Angehörige der Gattung Oecophylla (nach Bischoff 1927).

sammenleben der Ameisen mit anderen (myrmecophilen) Insekten, um von diesen Nahrung zu erhalten, oder gar die „Honigtöpfe“ bestimmter Ameisenarten (Abb. 12, Kloft 1959).

Die Leistungen organisatorischer Art bestehen in manchen Fällen im Negativen, nämlich darin, daß regelmäßig auftretende Massen-Abwanderungen (Schwärmen) den Raumdruck verringern (Steiniger 1950); Großbauten werden bei abnehmender Bevölkerungszahl verkleinert oder vereinfacht. Von hier aus ist übrigens zu verstehen, daß die Massen-Ansammlungen von tierischen Schädlingen durch Bekämpfung des Schädlings (die Bekämpfung entspricht einem Regulativ durch Abwandern) oft nicht vernichtet werden können, vielmehr ihr natürliches Ende, das nur in einer nicht überwindbaren kritischen Situation läge, um so weiter verzögert wird (Franz 1950).

Von besonderer Bedeutung aber sind die Untersuchungen von Frank (1953 a und b), der an Nagetieren die Vorgänge in der wachsenden Sozietät darstellte. Frank spricht bei der Untersuchung der Feldmaus nicht von „Katastrophe“, sondern von

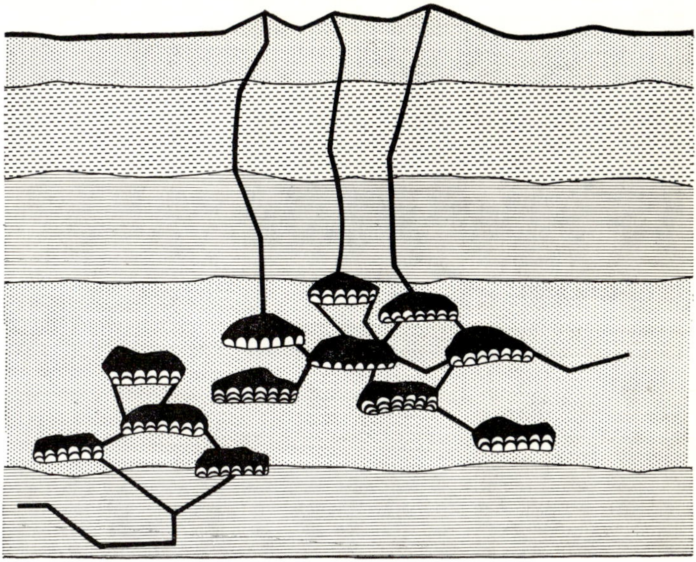

Abb. 11. Schnitt durch ein Erdnest der Ameise Atta texana. In der unteren Sandschicht sind Pilzkammern mit Pilzgärten angelegt. Die Pilzkammern sind durch Gänge untereinander und mit der Oberfläche verbunden. Punktiert = Sand; Strichpunktiert = blauer Ton; liniert = roter Ton. (Nach Wheeler aus Escherich 1917.)

„Zusammenbruch" oder „Massenzusammenbruch", meint aber das gleiche Phänomen, das wir beschrieben (auch Calhoun 1968, Wynne-Edwards 1968, Christian 1970).

Wie ich aus Frank's Darstellung ersehe, zeigt sich, daß auch die Sozietät der Feldmaus (Microtus arvalis) bei Bevölkerungszuwachs mehrere überwindbare, kritische Situationen durchläuft, ehe die Katastrophe einsetzt: Eine sich vermehrende Feldmaus-Population in einem bestimmten, nicht übersteigbaren Areal antwortet bei Bevölkerungsdruck zunächst durch Verkleinerung der Reviere, über welche jedes einzelne Maus-Weibchen verfügt. Steigt der Bevölkerungsdruck weiter, so legen die Weibchen ihre Reviere zusammen, sie bilden also Revier- und Nestgemeinschaften, werfen dort ihre Jungen im gemeinsamen Nest und verteidigen und säugen gemeinsam die nach Alter unterschiedlichen Jungen. Bei weiterer Zunahme

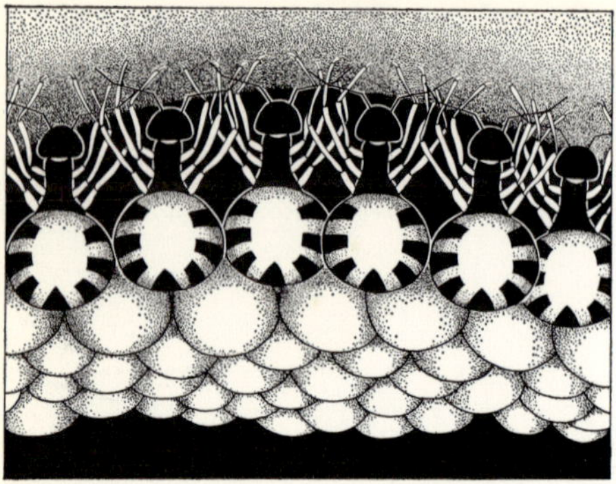

Abb. 12. Blick in die „Honigkammer“ der Ameise Myrmecocystus hortideorum. Die „Honigträger“ – spezialisierte, zu Honigmagazinen umgebildete Arbeiterinnen – hängen aufgereiht an der Decke der Honigkammer. Die schwarzen Platten auf den Hinterleibern der Ameisen der 1. Reihe sind Segmentplatten des Hinterleibs, die durch dessen pralle Dehnung auseinandergetrieben wurden. Auf den hervorschauenden Teilen der Hinterleiber der weiter zurückhängenden Ameisen sind diese Segmentplatten aus Gründen der Übersichtlichkeit auf unserer Zeichnung weggelassen. (Umgezeichnet aus Escherich 1917 nach McCook.)

des Bevölkerungsdrucks durch Zunahme der Individuen im gegebenen Raum sinkt die Fortpflanzungsfähigkeit der Weibchen. Schließlich kommt es, steigt die Bevölkerungszahl weiter, zu Erscheinungen des Kannibalismus, einer Vorstufe der nun eintretenden Katastrophe. Allerdings kommt dieser Kannibalismus[12]) nur der Erhaltung der Art (durch Überleben einzelner), nicht mehr der Erhaltung der Sozietät zugute; diese wird fast restlos ausgelöscht. So haben wir es bei der Feldmaus mit 3 überwindbaren kritischen Situationen zu tun; in der 4. bricht die Sozietät zusammen. Die Katastrophe selbst aber wird – zunächst bei einzelnen Feldmäusen, dann bei der großen Masse der Sozietätsglieder – ausgelöst durch ein fast plötzliches Nachlassen der regulierenden Funktionen des innersekreto-

---

[12]) Kannibale: von „caribal“ = menschenfressender Volksstamm der Kleinen Antillen (Carib = tapferer Mann). Die spanischen Eroberer bildeten daraus „canibal“ in Annäherung an canis = Hund (nach Kluge & Götze 1951); Kannibalismus = Menschenfresserei; übertragen auf Tiere = Fressen der eigenen Artgenossen.

rischen Systems gegenüber von außen kommenden belastenden Reizen durch die Sozietätsgenossen. Diese Reize während der Katastase[13]) äußern sich unter den Merkmalen einer überspitzten Konkurrenz[14]). Diese Konkurrenz, als „sozialer Streß“[15]) ein ständiges Belastungsmoment, führt durch das Beispiel der zahlreichen und in unmittelbarer Nähe in Bewegung befindlichen Artgenossen zu einer unstillbaren Freßsucht, wie auch jedes einzelne, ständig in nervöser Spannung gehaltene Individuum unter den Merkmalen des Schlafmangels schnell außer Kräften gerät. Die einzelnen Tiere sterben schließlich – wie oben angeführt – unter den äußeren Anzeichen des „hypoglykämischen Schocks“ (Apathie, Buckelmachen und Haarsträuben, Bewegungshemmung vom Trippelgang über Hinterhandlähmung bis zur völligen Bewegungsunfähigkeit mit gelegentlichen krampfartigen Zuckungen, Auskühlung des ganzen Körpers). Erkennbar werden die Vorgänge durch degenerative Veränderungen der Leber und Entzündungen der Nebenniere bei herabgesetztem Gehalt an Leberglykogen und Blutzucker (vgl. auch Calhoun 1968). Das neuere Schrifttum macht mit zahlreichen Untersuchungen zur Streß-Situation und ihrem Einfluß auf die Fortpflanzungsraten bekannt. Hier sei verwiesen auf Autrum 1970, Autrum & v. Holst 1968, Barnett 1964, Bashenina 1963, v. Holst 1969, Horvath 1959, Skinner & Louw 1966, Snyder 1961, Wickler 1969.

Aus den Beispielen dieses Abschnitts entnehmen wir den 6. Hauptsatz:

Organisation und (oder) technische Leistung sind die Mittel, kritische Situationen in der tierischen Sozietät zu überwinden.

---

[13]) Katastase = Höhepunkt, Vollendung der Verwicklung vor der Katastrophe (Alheim 1966).

[14]) Konkurrent = der unter gleichen Bedingungen stehende Mitbewerber, Nebenbuhler, aber auch Teilnehmer. Concurrens, adj. = zusammentreffend. Konkurrenz = Mitbewerberschaft (nach Schulz-Basler 1913).

[15]) Stress = Reaktionen des Körpers im ganzen auf Beanspruchungen, die über das normale Maß hinausgehen (z. B. Schmerzen, körperliche Überanstrengung, Infektionen, plötzlich oder ständig wirkende, auch psychische Belastungen aller Art). Stress-auslösende Faktoren nennt man Stressoren.

6. Individuum und kritischer Raum in der Sozietät

Für die solitär lebende Art konnten wir – um das oben Gesagte zusammenzufassen und zu vertiefen – durch Untersuchen jedes Individuums zu jeder Zeit seinen kritischen Raum angeben, und wir konnten ihn durch Erforschen der Bedürfnisse und Fähigkeiten des Individuums funktionell näher bestimmen (hygienischer, respiratorischer, statischer Raum etc.).

Für die Sozietät ist die Lage verwickelter: Hier ist der Zeitpunkt, in dem das Einzelwesen der Sozietät und die Sozietät als Ganzes untersucht werden, nicht mehr gleichgültig; denn die Sozietät durchläuft, während sich die Zahl der beteiligten Individuen vermehrt, eine Folge von Seinsstufen, welche die aufbauenden Teile, also die einzelnen Tiere, in immer neue Beziehungen zueinander setzen. So ist das Individuum in einer jungen (und nach der Zahl kleinen) Sozietät ein anderes als das in einer reifen (und damit an Individuen zahlreichen) Sozietät, und es wäre die Übertragung eines Individuums aus einer jungen Sozietät (= frühe Seinstufe) in eine reife, und umgekehrt, mit einer grundlegenden Änderung seiner sozialen Funktionen und seines individuellen, räumlich-zeitlichen Seins verbunden. Jede neue kritische Situation, die sich im Ablauf der Vermehrung der Individuenzahl entwickelt, wird durch einen anderen, kritisch sich auswirkenden Faktor hervorgerufen, und jedes einzelne Individuum wird durch diesen, wie schon durch die vorgehenden Faktoren von neuem und zusätzlich gezeichnet. Jedes erfolgreiche Überwinden einer kritischen Situation trägt den Keim zu einer heranwachsenden, nun anders gearteten kritischen Situation schon in sich.

Der „kritische Raum“ (vgl. S. 15) in der Sozietät aber wird nach Überwindung von einer oder von mehreren kritischen Situationen erreicht; wird er überschritten, führt dies zum Untergang der Sozietät.

Es läßt sich also der Zustand, in dem das soziale Individuum lebt, durch so viele konzentrische Kreise (Abb. 13) darstellen, wie kritische Situationen in den Sozietäten dieser Spezies gesetzmäßig auftreten. Der innerste Kreis aber ist derjenige, bei dessen Überschreiten die Katastrophe erfolgt. In der Abbildung 14 sind die Individuen einer Sozietät dargestellt, die durch 3 kritische Situationen charakterisiert sind. Alle sich über-

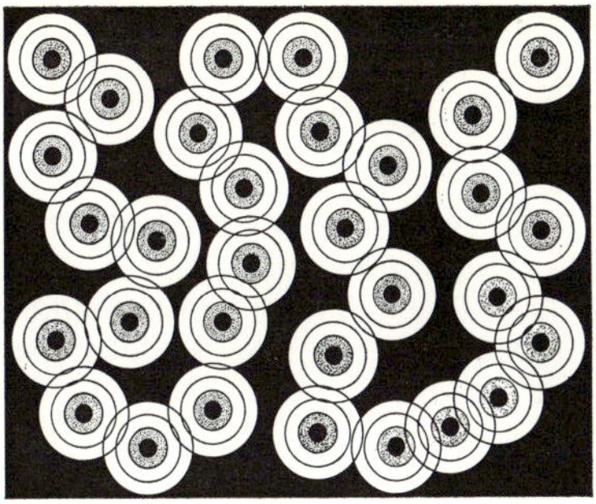

Abb. 13. Schema zur Darstellung einer sozial lebenden Tierart, welche durch 2 kritische, von ihr überwindbare Situationen (konzentrische Kreise) gekennzeichnet ist. Die Individuen dieser Tierart vermögen so nahe aufeinander zu rücken, bis sich die innersten (punktierten) Flächen, welche den „kritischen Raum" dieser Tierart bezeichnen, berühren. Jede weitere Verdichtung der Bevölkerung führt zur Verletzung der innersten punktierten Fläche, und damit zum Tod.

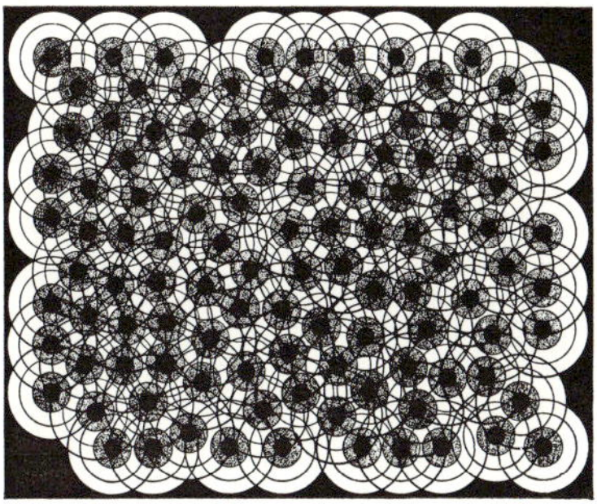

Abb. 14. Schema zur Darstellung einer sozial lebenden Tierart, welche durch 2 kritische, von ihr überwindbare Situationen gekennzeichnet ist. Die Zahl der Individuen auf der zur Verfügung stehenden Fläche ist hier so groß, daß die kritischen Räume (punktierte Flächen) aller Individuen sich fast überall berühren: Die Sozietät befindet sich kurz vor Eintreten der Katastrophe.

schneidenden Kreise veranschaulichen ehemals überwundene kritische Situationen; sie sind in der Sozietät noch wirksam als soziale Funktionen; und es sind die Sozietäten (nach Remane 1950 a u. b) mit Recht „Funktionsverbände" zu nennen. Die innersten Kreise, die den punktierten Raum umschließen, berühren sich in unserem Schema schon bei einigen Individuen; berühren sie sich durch Vermehrung erst bei allen Individuen, so ist die letzte kritische Situation für unsere Beispiel-Sozietät erreicht. Weitere Vermehrung, zu verbildlichen durch Überschneiden der punktiert gezeichneten Fläche, führt zur Katastrophe, nämlich zum Untergang der ganzen Sozietät mit allen ihren Individuen. Wahrscheinlich sind in vielen Fällen überspitzte

Rangordnungen und „individuelle Hierarchien“ in der Sozietät (Fischel 1947) Ausdruck von ganz bestimmten Situationen in der Katastase[13]), kurz vor Erreichen der letzten und tödlichen kritischen Situation.

Dies soll nicht heißen, daß Rangordnungen (Eibl-Eibesfeldt 1969), als ausgesprochen soziale Verhaltensweisen oft gekoppelt mit einem „Revierverhalten“, nicht auch in krisenlosen Situationen vorhanden wären. Beide, Rangordnung wie Revierverhalten, sind als Ökonomisierung in der Sozietät zu verstehen.

7. Die doppelte Bindung in der Sozietät

Wie durch Vermehrung bedingtes Aufeinanderrücken der einzelnen Individuen in der Sozietät seine Grenzen hat, so gilt dies auch für das Auseinanderrücken der einzelnen Individuen. Die räumliche Trennung darf nicht zu groß werden. Diese Möglichkeit der Wirkung aufeinander – und das ist ja die Vorbedingung aller sozialen Gemeinschaft – muß gewahrt bleiben[16]. Bei den frei beweglichen (vagilen) Tierarten wird der Zusammenhalt gegenüber dem Genossen mittels der Sinnesorgane hergestellt, und er beruht auf der ständigen aktiven Leistung der einzelnen Sozietätsträger. Bei den sessilen, sozial lebenden Tierarten ist dieses notwendige Gedrängtsein in der Sozietät die aktive Leistung der noch vagilen Larven, wie dies von zahlreichen Meerestier-Arten mit freischwimmenden Larven (z. B. der Seepocke Balanus, dem Borstenwurm Sabellaria, Schäfer 1952, 1962) bekannt ist. Die freischwimmende Larve wählt den Ort ihrer zukünftigen Sessilität und verfügt über bestimmte Mechanismen, die sie den larvalen Artgenossen auf günstigem Baugrund finden läßt. Das gedrängte Siedeln der Individuen einer sessilen Sozietät kann deshalb notwendig werden, weil nur bei Siedlung „in Tuchfühlung" Befruchtungsvorgänge durchgeführt und zum Ziel führen können, oder weil nur durch die Leistung vieler gedrängt sitzender Individuen Wasserströme von genügender Stärke zum Herbeiholen von Plankton-Nahrung erzeugt werden können. So ist der frei schwimmenden Larve, die den Ort ihrer zukünftigen Sessilität bestimmt, die Bildung der zukünftigen Sozietät und ihr Funktionieren anheim gestellt. Wachstumsvorgänge aber bestimmen das zukünftige flächige (oder räumliche) Mosaik der einzelnen Bauten der Individuen einer Sozietät (Abb. 15).

Darüber, wie z. B. die Sozietät der Seepocke Coronula (die in kleinen Siedlungsgemeinschaften auf Walen, und dort meist im Schutz der Finnen lebt) den einzig richtigen Ort zur Ansiedlung auf dem großen Walkörper findet, ist bisher nichts bekannt. Versprengte Larven sessiler Arten, die also nicht zur rechten Zeit den rechten Ort der Ansiedlung (nämlich im richtigen Bezug zum Artgenossen) finden, sind für den Individuen-Haushalt der Art verloren.

---

[16]) Es schließen sich die Individuen nicht zu Sozietäten zusammen, vielmehr ist die Wirkung der einzelnen Individuen aufeinander artspezifisches Merkmal und sie gehört zur Definition der betreffenden Spezies.

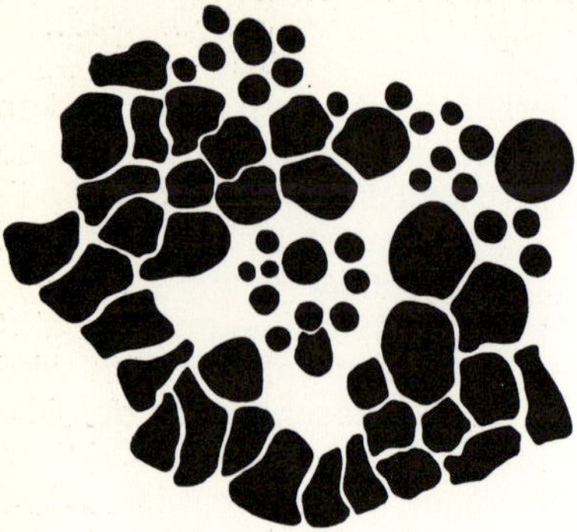

Abb. 15. Betrifft Nutzung der vorhandenen Siedlungsfläche bei sessilen Tieren: Kalkige Fußplatten von zwei verschieden alten Generationen der Seepocke Balanus improvisus. Die großen Fußplatten sind in ihrer Form einander angepaßt und nützen auf solche Weise die vorhandene Siedlungsfläche optimal aus. Die kleinen, weil später angesiedelten, Seepocken hatten wegen ihrer geringen Größe noch genügend Siedlungsraum und haben daher noch gerundete Fußplatten.

Die Gefahr der „Versprengung" von Individuen steigt bei vagilen Sozietäten ebenso mit der Größe und Vielgestaltigkeit des Raumes, der bewohnt wird, wie mit der Zunahme der Schnelligkeit der Bewegung der Sozietät im ganzen oder der einzelnen Sozietätsgenossen gegenüber dem Gros der Sozietät im Raum. Zunehmende Raum-Beherrschung der vagilen Sozietät geht daher immer einher mit zunehmender Leistungsfähigkeit der Sinnesorgane ihrer Individuen, mit der zahlenmäßigen Zunahme der beteiligten Sinnesorgane, der Ausbildung von Gestaltsmerkmalen am Tierkörper (Portmann 1942, 1953, o. J., Lorenz 1965), bzw. mit der Bildung besonderer Mechanismen der Nachrichtenübermittlung (Hediger 1949), die den notwendigen individuellen oder „anonymen" (Kramer 1950) Kontakt aufrecht erhält. Die vergleichende Verhaltensforschung hat uns zahlreiche Fälle verstehen gelehrt.

Hier sei an die südamerikanischen und afrikanischen Treiberameisen (Anomma) erinnert, die nicht nur Raubzüge in die Umgebung des Nestes unternehmen, sondern auch ihre Wohnung (allerdings oft nur aus traubenförmigen Zusammenballungen der Individuen selbst bestehend, Maidl 1943) mehrere Male im Jahre wechseln und mit Eiern, Larven und Puppen wandern. Kramer (am gleichen Ort s. o.) spricht vom „Massenkontakt als Ersatz für den preisgegebenen Standort" (vgl. auch Horstmann 1950 u. Rettenmeyer 1962). Diese weiträumigen Bewegungen der Sozietätsglieder gelingen nur durch Ausbildung besonderer Mechanismen der Nachrichtenübermittlung und

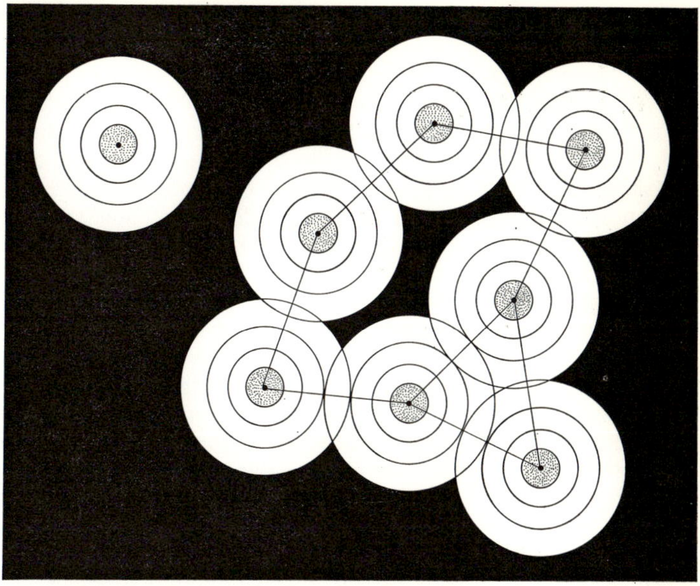

Abb. 16. Schema: 8 vagile Individuen einer Sozietät mit 4 kritischen Situationen, durch 4 konzentrische Kreise gekennzeichnet. (Die punktierte Fläche ist der „kritische Raum" jedes Individuums.) Die äußeren Kreise überschneiden einander bei 7 Individuen. Diese Individuen können aufeinander einwirken (schwarze Striche von Individuum zu Individuum). Das 8. Individuum hat mit der Sozietät den Kontakt verloren. Es empfängt keine Wirkungen mehr von seinen Genossen und kann selber keine Wirkung auf seine Genossen ausüben.

von Gestaltsmerkmalen (Uniformierung, Koenig 1968), die den Zusammenhalt gewährleisten, sowie durch das Phänomen der sozialen Imitation, die eine Vielzahl von Individuen erst zusammenführte und zusammenhält, und die als angeborenes Verhalten Form, Zeitablauf und Richtung von Gesamthandlungen erst möglich macht (Chen 1937, Horstmann 1950, Lorenz 1953, Remane 1971).

Die vagile Sozietät lebt – und darin formuliert sich der 7. Hauptsatz – **in einer doppelten räumlichen Begrenzung: den Gefahren des zu engen und denen des zu weiten Kontaktes muß begegnet werden.**

Aber gerade durch das Vermeiden der Gefahr des „Versprengens" wird die Notwendigkeit des „Gedrängtseins" unausbleibliche Folge. Die Begegnung der Gefahr, den Kontakt zu verlieren, ist häufig der eigentliche Anstoß für das Auftreten der anderen Gefahren, die im Kontakt liegen.

Wir sagten, die Möglichkeit der Wirkung der Individuen aufeinander muß gewahrt bleiben, sonst hören die Individuen auf, eine Sozietät zu bilden. Die im Verhalten verankerte artspezifische Wirkung aufeinander ist die Klammer, die alle Individuen zusammenhält; ein soziales Individuum, aus seinem Sozietätsverband gerissen, hört auf, Wirkungen auf seine Genossen auszuüben, und es empfängt auch durch seine Sozietätsgenossen keine Wirkung mehr. Alle seine sozialen Funktionen liegen brach; seine sozialen Verhaltensweisen – werden sie überhaupt weiter ausgeführt – stoßen ins Leere. Ein einzeln gehaltenes soziales Individuum ist in seinem Verhalten kein typischer Vertreter seiner Art mehr. Waren solche einzelnen Individuen für bestimmte Aufgaben in der Sozietät spezialisierte Individuen, vermögen sie in vielen Fällen nicht mehr weiterzuleben, weil ihre Spezialisationen nur Teilfunktionen erfüllen. Eine Ameise ist keine Ameise, eine Halichondria ist keine Halichondria.

In Abbildung 16 ist versucht, diese doppelte Bindung, in der das soziale Individuum lebt, zu veranschaulichen. Es lebt zwischen dem äußersten und dem innersten Kreis, der seinen kritischen Raum umschließt. Die äußersten Kreise müssen sich überschneiden, die innersten dürfen sich niemals überschneiden. Die geraden Linien, die die notwendigen Wechselbeziehungen veranschaulichen, dringen nur bis zum Nachbarindividuum, wenn dessen äußerster Kreis durch den eigenen äußersten Kreis angeschnitten ist; schneiden sich die Kreise nicht, kann die schwarze trennende Zone, die den tragenden Biotop bedeutet, nicht durchdrungen werden (siehe einzelnes versprengtes Individuum). Es irrt, wenn es vagil ist, solange ziellos auf der schwarzen Fläche umher, bis sein äußerster Kreis zufällig den eines anderen Individuums der eigenen Art schneidet. In diesem Augenblick empfängt es ein Merkmal von seinen Artgenossen (Uexküll 1921 u. 1938 und Uexküll & Kriszat 1962), und es stellt die Verbindung her.

8. Schlangestehen und Spezialisierung

In vielen Fällen kompensieren die Individuen einer Sozietät durch das Nacheinander einer Handlung das räumlich unmöglich gewordene Gleichzeitige. Schlangestehen ist immer Ausdruck mangelnder Gelegenheit zum Gleichzeitigen, bedingt durch ein Mißverhältnis zwischen Individuenzahl und Raum (vgl. afrikanisches Großwild an der für die Individuenzahl zu kleinen Tränke bei Trockenheit). Die Situation wird in diesen Fällen dann kritisch, wenn bei weiterem Steigen der Individuenzahl das Nacheinander so lange Zeit in Anspruch nimmt, daß das in der Handlung sich ausdrückende, lebenswichtige Bedürfnis von einem Teil der Individuen einer Sozietät nicht mehr zu befriedigen ist. Plötzlich auftretender Zeitmangel in einer Sozietät durch räumliche Begrenzung bedingt, erzeugt Panik[17]). Die ausbrechende Panik werden wir wohl als eine momentan auftretende „Stimmung" ansehen müssen, die die Gesamtheit oder große Teile einer Sozietät unter bestimmten Voraussetzungen befallen kann. Sie äußert sich darin, daß jedes einzelne Individuum der Sozietät von einem Augenblick zum anderen alle seine sozialen Qualitäten verliert und handelt, als sei es Angehöriger einer solitären Art; es stürzen alle sozialen Ordnungsmomente zusammen. Noch nicht ergriffene Teile der Sozietät werden in diese plötzliche Umstimmung dadurch hineingezogen, daß sie spezifische visuell oder akustisch oder olfaktorisch erfaßbare Signale ihrer bereits von der Panik ergriffenen Sozietätsgenossen aufnehmen und diese als ganz bestimmte Bedeutungsträger erkennen. Sozietäten, in denen Raumbegrenzungen lebenswichtige Handlungen in ein zeitliches Nacheinander zwingen, können sich in diesem Ordnungsmoment nur solange halten, als Zeit gegeben ist. Sie garantiert die Dauer der Sozietät in solcher Situation. Wenn die Individuen der gleichen Sozietät aber plötzlich diese Zeit – die der allein tragende Faktor dieser Sozietät ist – schwinden sehen, muß der Widerstreit zwischen sozialen und individuellen Willensregungen bei den einzelnen Individuen explosiv aufbrechen und müssen die betroffenen Individuen als erstes

[17]) Panik: von Pan = Wald- und Weidegott der Griechen, der durch sein plötzliches Erscheinen Schrecken, „panischen Schrecken", hervorruft; nach Ahlheim (1966) auch „Massenangst"; panisch = wild, lähmend.

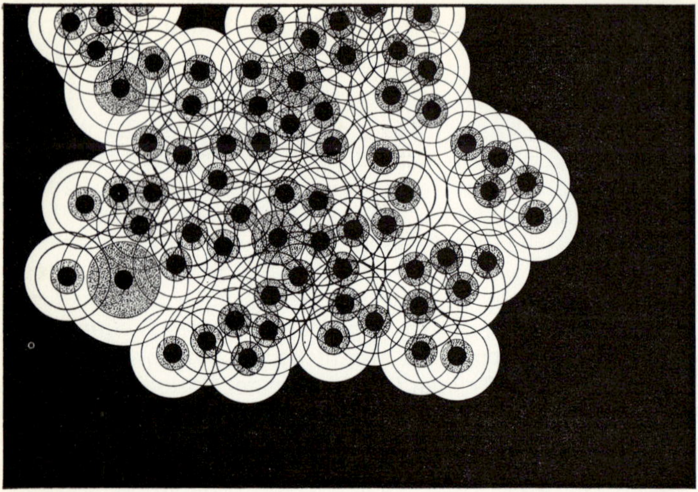

Abb. 17. Schema zur Darstellung einer sozial lebenden Tierart, welche durch 2 kritische, von ihr überwindbare Situationen gekennzeichnet ist. Die Sozietät verfügt über Spezialisten, also Individuen mit besonderen Leistungen und Bedürfnissen. (Beachte: im Schema sich ausdrückend durch verschiedene Größe der einzelnen Individuen und ihrer konzentrischen Kreise. Im Schema sind 3 Größengruppen dargestellt.)

gerade die zeitlichen Grundmaße ihrer derzeitigen sozialen Ordnung fahren lassen. Panik ist gleichbedeutend mit totaler Aufgabe der bisher tragenden Sozietätswerte. Es ist eine Situation, in der das Individuum nur zu leicht zu „Übersprungbewegungen[18]) seine Zuflucht nimmt, nicht nur seiner sozialen Bindung verlustig geht, sondern auch sich selbst den verschiedensten nervösen Wirkstrukturen überläßt und damit als han-

[18]) Übersprungbewegungen (Tinbergen 1940): Bewegungen, häufig auftretend in Konfliktsituationen; Instinktbewegungen, die zu der eigentlichen Situation, in der sich das Individuum befindet, gar nicht passen und die gewissermaßen unkontrolliert und auf falscher Bahn ausgelöst werden (z. B. im Konflikt zwischen Angriffsabsicht gegen Artgenossen und Flucht ein Ausweichen in irrelevante – d. h. in bezug auf die eigentliche Sache bedeutungslose Tätigkeiten wie Scheinputzen, Futterpick-Bewegungen, Beutefang- oder Kratzbewegungen, Schnabelwetzen usw.). Übersprungsbewegungen sind auch beim Menschen in Konfliktsituationen zu beobachten (z. B. als motorische Unruhe, Zittern und Schwitzen oder als Lachen am falschen Platz oder durch Kopfkratzen sich äußernd; Seiss 1965).

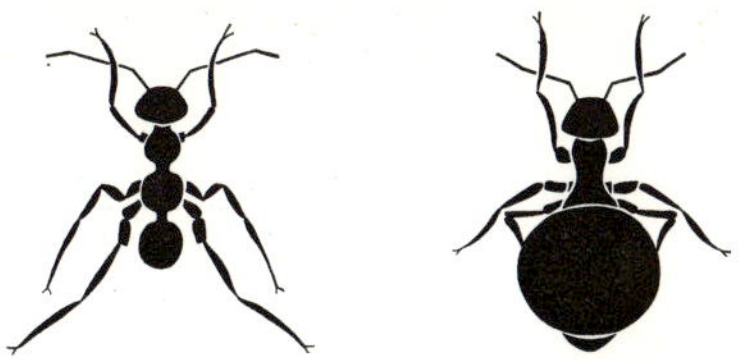

Abb. 18. Betrifft „Spezialisation“: Die Ameise Myrmocystus melliger. Links = normale Arbeiterin; rechts = „Honigtopf“ mit aufgeblähtem, Honig-gefülltem Hinterleib (nach Bischoff 1927).

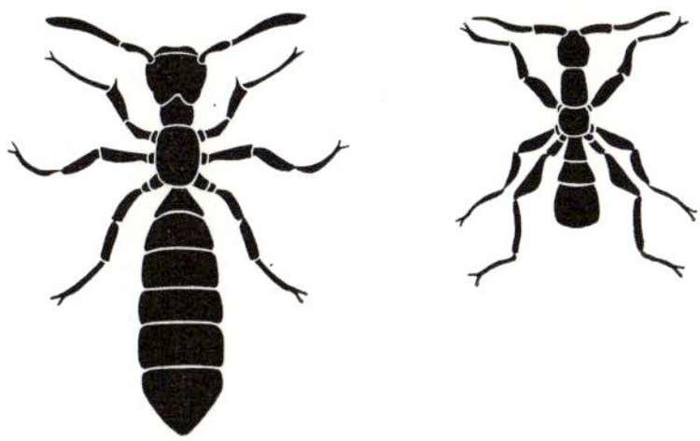

Abb. 19. Betrifft „Spezialisation“: Die Ameise Eciton sumichrastii. Links = junges, befruchtetes Weibchen; rechts = Arbeiterin (nach Wheeler aus Knauer 1906).

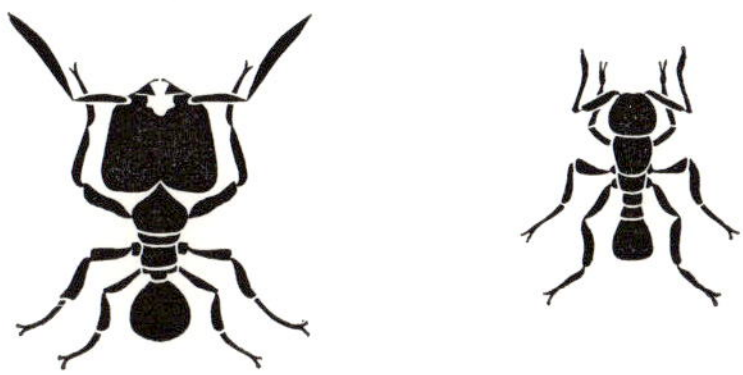

Abb. 20. Betrifft „Spezialisation“: Ameise Pheidole commutata. Links = Soldat; rechts = Arbeiterin (nach Wheeler aus Knauer 1906).

delndes Individuum sich aufgibt. Das Phänomen der Panik wurde bei Säugetieren und Vögeln beobachtet; bisherige Untersuchungen an Fischschwärmen lassen es noch zweifelhaft erscheinen, ob Panik hier auftreten kann. Insekten scheint sie zu fehlen.

Wir hatten das Heranreifen der letzten kritischen Situation, die zur Katastrophe führt, in Abbildung 14 veranschaulicht. In diesem Schema waren die Individuen und die sie umgebenden konzentrischen Kreise (die die Zahl der kritischen Situationen für die betreffende Spezies darstellen) gleich groß gezeichnet. Das bedeutet Gleichwertigkeit aller Individuen in der Sozietät nach Bedürfnis und Leistung. Zeichnen wir für einen Teil der Individuen die sie umschließenden konzentrischen Kreise kleiner, werden die räumlichen Verhältnisse günstiger (Abb. 17). Verschiedene Größe der Kreise bedeutet verschiedenen Anspruch der Individuen einer Sozietät, bedeutet aber auch Ungleichwertigkeit der Individuen und bedeutet Spezialisie-

Abb. 21. Staatsqualle (Siphonophore). Schemabild zur Darstellung der Arbeitsteilung unter den Einzelindividuen eines Stockes. 1 = Gaskammer; 2 = Schwimmglocken; 3 = Deckpolyp; 4 = Tasterpolyp; 5 = Fangfaden; 6 = Senkfaden; 7 = Nesselkopf mit Nesselzellen; 8 = Freßpolyp; 9 = Geschlechtspolyp; 10 = Ursprungspolyp. Die in den tropischen Meeren lebenden Staatsquallen schwimmen planktonisch in den oberen Wasserschichten.

rung (Abb. 18, 19, 20). Deegener (1918) nennt diese Sozietäten hetero- oder polymorphe Sozietäten. Der Fall ist bei vielen tierischen Sozietäten verwirklicht: er tritt überall da auf, wo die Individuen einer Sozietät gestaltliche Unterschiede und verschiedene physiologische Bedürfnisse aufweisen (Insekten). Verschiedene Bedürfnisse aber gehen mit verschiedenen Leistungen für die Sozietät einher. Spezialistentum erkennen wir

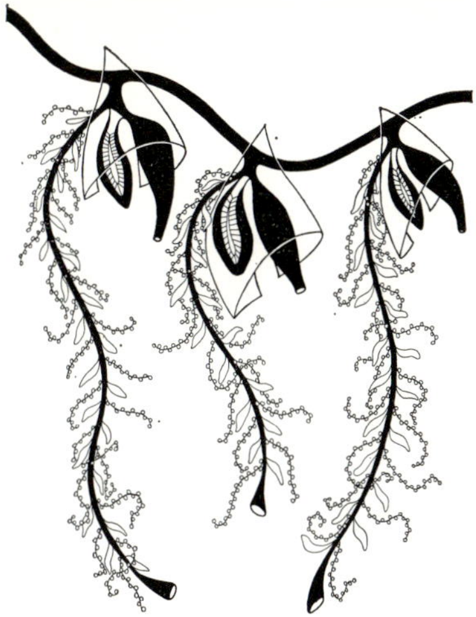

Abb. 22. Drei Stammgruppen der Staatsqualle Sulculeolaria (Syn.: Galeolaria). Jede Stammgruppe verfügt über ein schwimmendes Deckstück (Gallertmantel), einen Freßpolypen, eine Geschlechtsglocke und einen Fangfaden.

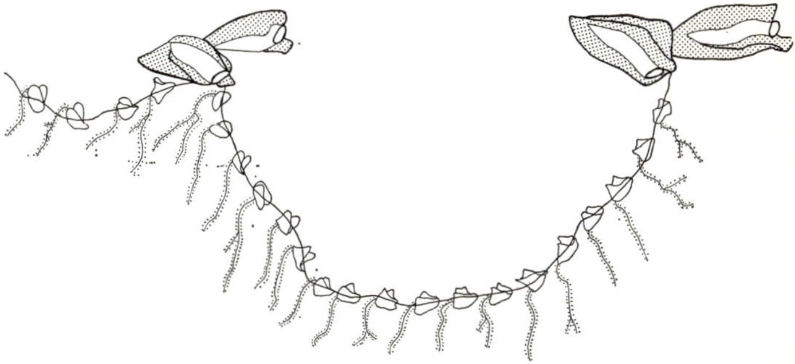

Abb. 23. Die Staatsqualle Sulculeolaria (Syn.: Galeolaria) im Gesamtverband der Stammgruppen und der den Verband schwebend tragenden Schwimmglocken (nach Jakobs 1938 und Totton 1965, abgeändert).

häufig als eine Methode, bestimmte kritische Situationen überwindbar zu machen (Ökonomisierung der Leistungen für die Sozietät).

Als Beispiel für Spezialisation von Individuen oder Individuengruppen ist seit langem der Staatsquallen-Stock (Abb. 21) bekannt. Hier handelt es sich bei den einzelnen „Organen“, die zum Schwimmen, Fressen, sich Wehren usw. dienen, tatsächlich um einzelne Individuen, wie ihre Genese (Knospung) zeigt, nicht um echte Organe (Deegener 1918). Die Arbeitsteilung ist in den meisten Fällen verbunden mit dem völligen Aufgeben bestimmter Funktionen: die Abhängigkeit vom Sozietätsgenossen wird daher vollkommen. Im immer richtigen Zahlenverhältnis der verschiedenen spezialisierten Individuen zueinander liegt hier die Dauer der Sozietät. Bei einigen Staatsquallen bedeutet die Tatsache, daß nur e in Individuum „hydrostatisches Organ" (Schwimmblase) sein kann und seiner Auftriebleistung Grenzen gesetzt sind, das Maß möglicher zahlenmäßiger Ausweitung der Knospungskolonie.

Diese kritische Situation wird von der Staatsqualle Sulculeolaria (Galeolaria, Abb. 22 u. 23) dadurch überwunden, daß mehrere sogenannte Stammgruppen von spezialisierten Individuen – also Einheiten aus tragendem gallertartigem Deckstück, Schwimmglocke, Geschlechtsglocke, Freß- und Fangpolypen – durch einen Wurzelschlauch (Stolo) miteinander verbunden bleiben, und daß die Einzelsozietäten, jede selbst schwimmfähig, wie an einer Perlschnur aufgehängt sind, und daß ihre Gallertglocken gemeinsam die Groß-Sozietät tragen. Wo die Schwimmfähigkeit einer (jungen) Stammgruppe oder einer solchen mit nachträglichem Verlust ihrer tragenden Deckstücke mäßig oder ganz fehlend ist, hängt die Kette durch. Am Anfang des Stolo sitzt die große Schwimmglocke, an deren Stolo wieder die jungen Stammgruppen durch Knospung nach rückwärts entstanden sind (Jacobs 1938).

Es sei auch auf den Flagellaten Volvox verwiesen als Beispiel einer vielgestaltigen Ausbildung der einzelnen Zell-Individuen (Abb. 24 u. 25). Hier sind Individuen voneinander zu unterscheiden, die zu geschlechtlicher Fortpflanzung befähigt sind und solche, denen diese Fähigkeit fehlt. Die Individuen ohne Fortpflanzungsfähigkeit ernähren die Geschlechtsindividuen auf dem Weg über protoplasmatische Brücken mit. Diese Hilfsernährung, sowie die Übernahme der Fortpflanzungsgeschäfte durch einzelne Partner machen die Vergesellschaftung der Volvox-Individuen zur Sozietät mit Spezialisten. Ausübung aller für die Art möglichen Funktionen durch alle Sozietätsglieder, vor allem aber die Funktion der Bildung von Geschlechtsprodukten im Kugelgewölbe zur gleichen Zeit würde den Verband, der immer ein bestimmtes Verhältnis von Zellschicht außen und Protoplasmabrücken innen verlangt, sta-

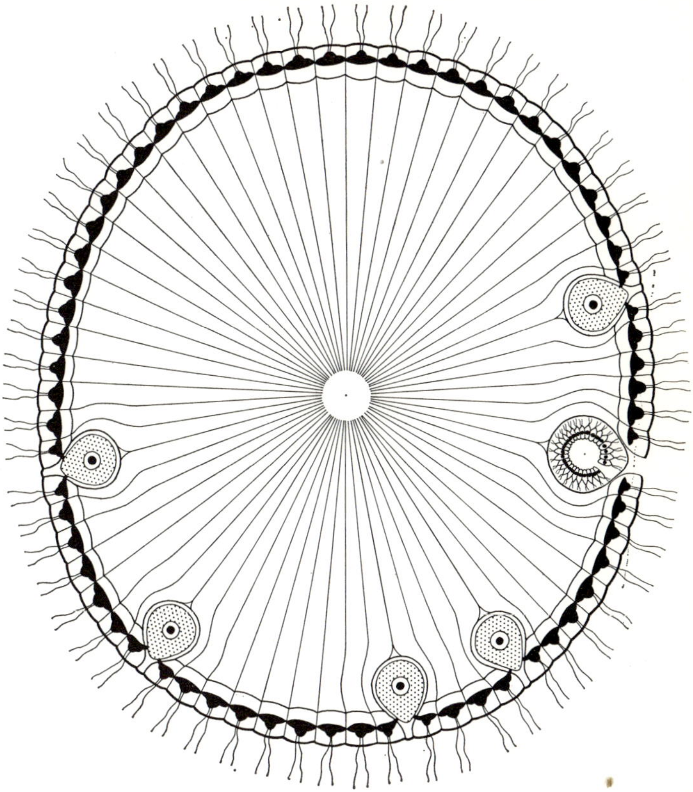

Abb. 24. Flagellaten-Kolonie Volvox globator, kugeliger Zellverband, sexuelle Generation. Die (somatischen) Individuen (Plastiden) mit Doppelgeißel bilden die Außenschicht der Kugel; sie sind durch Plasmastränge, die einen Stofftransport ermöglichen, miteinander verbunden. Teilungsvorgänge der Somazellen lassen die Kugel im gesamten zunehmen. Radial gestellte Gallertkeile sorgen für die Festigung der Kugel im Innern. Generative Zellen (Ei- und Samenzellen) unterbrechen das Kugelgewölbe der Somazellen und sind, wiewohl Teil der zelligen Außenschicht, ins Innere der Kugel zurückverlegt (nach Janet 1912, geringfügig abgeändert).

tisch untragbar belasten. Indessen weichen die Geschlechtsindividuen im Augenblick der Ausbildung der stark vergrößerten Geschlechtsprodukte in das Lumen der Kugel zurück. Der auch hiermit verbundene Druck außen und die Spannung im Innern

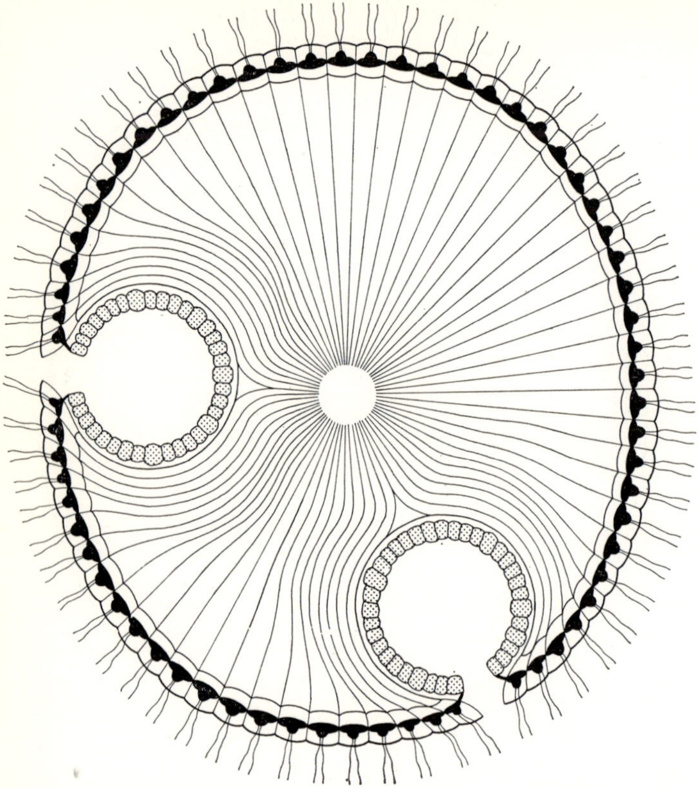

Abb. 25. Flagellaten-Kolonie Volvox globator, kugeliger Zellverband mit zelligen Abschnürungen in das Kugellumen hinein als asexuelle Generation. Die Tochterkugeln im Innern – entstanden durch Ein- und Umstülpung – sind die zukünftige sexuelle Generation (beachte verdickte Zellen im Zellverband der beiden Tochterkugeln als frühe Samen- und Eianlagen). Die Tochterkugeln werden, sobald sie eine gewisse Größe erreicht haben, durch Zerfall der somatischen Zellschicht außen frei, wobei junge und ältere somatische Individuen gleichzeitig zugrunde gehen (nach Janet 1912, geringfügig verändert).

können durch Teilungs- und Wachstumsvorgänge im Kugelgewölbe ausgeglichen werden. Hingegen würde eine Vergrößerung aller Individuen, wenn sie in der Ebene der Kugeloberfläche verblieben und als Eier und Samenträger in kurzer Zeit stark zunehmen müßten, die Kolonie vorzeitig zum Zerplatzen bringen. Eine kritische Situation, wie sie durch einfachen Zusammenschluß ursprünglich gleichartiger und gleichfähiger Individuen in einer bestimmten, räumlichen Anordnung (der Kugel) entstehen müßte, kann sich also durch Spezialisation und Änderung in der räumlichen Ordnung der Individuen zueinander gar nicht erst entwickeln. Die kugelige Sozietät Volvox kann zu Kugeln bis auf 22 000 Einzelindividuen anwachsen (Oltmanns 1922).

Bei der Honigbiene (Apis mellifica) durchläuft jede heranwachsende Arbeiterin, die als solche schon Spezialist unter Verlust vieler Bedürfnisse und vieler Fähigkeiten ist, in einer bestimmten Reihenfolge im Laufe ihres Lebens eine Anzahl von funktionellen Spezialisationen. Darüber hinaus vermögen Arbeiterinnen bei ihren jüngeren Artgenossen (Larven) zukünftige Spezialisation (Arbeiterin oder Königin) zu bestimmen. Dieses Vermögen des Eingriffs in die zahlenmäßige Verteilung der möglichen Spezialisten bedeutet einen regelnden Eingriff in die zukünftige Zahl der Spezialisten: dieses Wahlvermögen aber bestimmt weiterhin, ob in Zukunft keinmal, einmal oder mehrere Male Königinnen mit ihnen folgenden Arbeiterinnen den verfügbaren Raum der Sozietät durch Abwandern (Schwärmen) entlasten.

Der Bau von Zellen für die Bienenbrut und damit die fortgesetzte Erweiterung des Baues vergrößert mit allen Maßnahmen der Brutpflege die Zahl der beteiligten Sozietätsglieder; ihre Zahl ist aber nur solange zu halten, wie Nahrung und günstige Temperaturen alle Individuen und damit alle Spezialisten am Leben halten. Die Sozietät der Honigbiene hat beide Erfordernisse (Nahrung durch Vorratswirtschaft für den Winter einerseits und Frostschutz durch temperaturisolierende Bauten und temperaturstabilisierende Maßnahmen andererseits) erfüllt und ist als polymorphe Sozietät damit mehrjährig. Die Sozietäten der Wespe Polistes gallicus (Abb. 26) oder auch die Angehörigen der Gattung Vespa müssen, obwohl von Spezialisten gleicher Aufwand an Maßnahmen der Brutpflege getrieben wird, im Herbst zugrunde gehen, weil zu den Maßnahmen der Brutpflege zusätzlich solche für die Arbeiterinnen selbst (in Form von Vorratswirtschaft und Überwinterungsmöglichkeit) nicht ergriffen wurden.

Termiten haben eine Entwicklung ohne Puppenstadium, daher können dort auch die Larven bereits in das soziale Leben

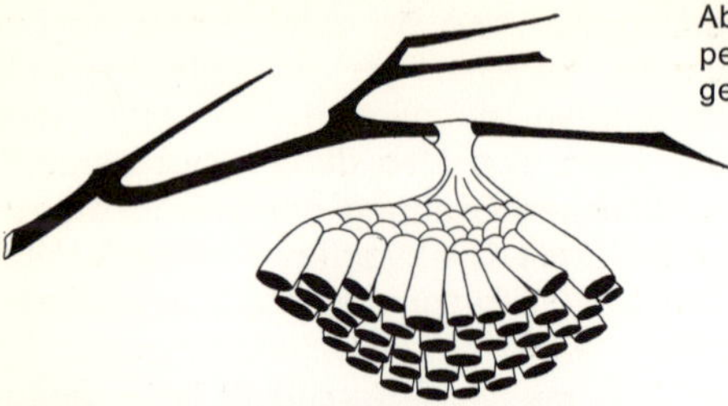

Abb. 26. Wabennest der Wespe Polistes gallicus. Das hier gezeigte Nest hat 78 Waben.

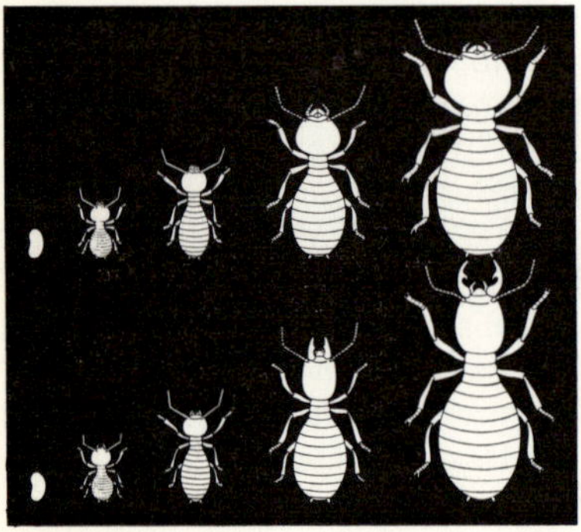

Abb. 27. Termiten in ihrer ontogenetischen Entwicklung vom Ei bis zum ausgewachsenen Individuum. Obere Reihe: Arbeiter; untere Reihe: Soldat. Beachte: Mit dem 4. hier dargestellten Entwicklungsstadium beginnt die gestaltliche Differenzierung zum Arbeiter bzw. zum Soldaten. Bereits die Larvenstadien sind zu bestimmten Verrichtungen in der Sozietät fähig (nach Skaife 1961).

handelnd eingefügt werden (Abb. 27). Sie sind damit von Altersstufe zu Altersstufe nach Bedürfnis und Leistung in die Folge der Spezialisten eingegliedert (Skaife 1961). Diese Aufspaltung der Sozietät in Spezialisten-Gruppen bleibt nur tragbar, solange diese Gruppen in für die Gesamtheit günstigen Zahlenverhältnissen vorhanden sind. Zerstörung dieser Relation durch überstarke Individuen-Besetzung in einzelnen Spezialisationsgruppen oder Ausfall einzelner Gruppen sind in vielen Fällen Anlaß zur Entstehung kritischer Situationen. In der Fähigkeit, solche Zustände zu regulieren (vgl. Grassé 1949), liegt die Überwindung solcher die Gemeinschaft gefährdenden Situationen. Das Zahlenverhältnis von Arbeitern zu Soldaten beträgt (nach Deegener 1918) bei Calotermes 10 : 1, Armitermes 20 : 1, Mikrotermes 50 : 1, Capritermes 80 : 1.

9. Grundsätzliches

Festsitzende (sessile) und freibewegliche (vagile) Sozietäten erleiden – wie oben dargestellt – bei Zunahme der Individuen (oder bei Einengung des gegebenen Raumes) immer neue Wiederkehr kritischer Zustände, die eine Lösung fordern und die damit das radikale Aufgeben gewesener Daseinsform nötig machen. Die Sozietät wird von einer kritischen Lage bedingungslos und ohne die Möglichkeit der Reserve in die nächste „gestoßen". Jede aber wirft neue und bisher nicht gefragte Probleme auf, die die ganze Inanspruchnahme jedes Einzelwesens erfordern. Die Überwindung eines kritischen Zustandes durch eine totale Umordnung zum rechten Zeitpunkt (aus einem unweigerlichen Zwang mechanischer Notwendigkeiten sich ergebend) ist jedesmal der Versuch, trotz Wachsens der Individuenzahl eine bleibende Ordnung und damit eine Verläßlichkeit im Dasein herzustellen, aber jedesmal wird die Gesichertheit der Existenz wieder zerstört, und die Sozietät wird durch die Zunahme der Individuen von neuem in eine Krise gestoßen. Die Sozietät erhält sich nur solange, bis sie an einer der sich auseinander entwickelnden, der immer größer werdenden Gemeinschaft gestellten Aufgaben scheitert. Da jede erfolgreiche Überwindung eines kritischen Zustandes in der tierischen Sozietät wieder Raum für neue Individuen schafft, wächst auch die Zahl der der Sozietät angehörenden Individuen, so daß von Mal zu Mal (d. h. von überwundener kritischer Situation zur nächsten) eine immer größere Zahl von Individuen in eine Krise gerät.

So kommen wir zum 8. Hauptsatz:

Der Rang einer tierischen Sozietät ist nach der Anzahl der von ihr überwindbaren kritischen Situationen zu beurteilen.

Dieser „Rang" hat nichts mit geographischer Ausdehnung der Siedlung oder mit der Zahl der an der Sozietät beteiligten Individuen zu tun, er ist mehr eine qualitative, eine im Verfahren liegende, als eine rein räumliche Einstufung; im Zwang individueller Differenzierung führt der höhere Rang zu einem zunehmenden Beziehungsreichtum der Individuen zueinander. (Frank, 1953 a:, spricht von dem „Grad der sozialen Veranlagung" der Art.) Dieser Rang hängt übrigens nicht von der stammesgeschichtlichen (phylogenetischen) Höhe der die Sozietät aufbauenden Tierarten ab.

Diese Momente des Durchlaufens kritischer Situationen und der feststehenden Zahl der einer tierischen Sozietät gegebenen überwindbaren kritischen Situationen vermitteln das Bild eines äußerst starren Mechanismus. Die Verfahren zur Überwindung dieser Situationen und ebenso die Formen der kritischen Situationen selbst sind von Tierart zu Tierart unterschiedlich; sie werden von den in den Individuen einer Spezies liegenden morphologischen und funktionellen Gegebenheiten und von den Lebensräumen, an welche die Sozietäten im Laufe ihrer Entwicklung gebunden sind, bestimmt.

Die einzelnen Sozietäten derselben tierischen Art benötigen verschieden lange Zeit, um die ihr eigentümlichen sozialen Stadien zu durchlaufen. Hierin liegt die Bedeutung der G u n s t oder der U n g u n s t des Ortes, an dem die Sozietät lebt. Der für die Lebensabläufe in der tierischen Sozietät optimale Ort, der vegetatives Wachstum und die Vermehrung der Individuen beschleunigt, läßt auch die Stadien des Wachstums der Sozietät und die einzelnen überwindbaren kritischen Situationen schneller aufeinander folgen, so daß auch der Zeitpunkt der Katastrophe früher erreicht ist. Sozietäten der gleichen Tierart am weniger günstigen Ort durchlaufen die Folge der kritischen Situationen langsamer, und sie gelangen damit später zum Stadium der Katastrophe. Ist jedoch der Ort für die Lebensabläufe in der Sozietät zu ungünstig (pessimal) und folgen daraus untragbare Mangelerscheinungen, siecht die Sozietät vorzeitig; ihr gereichen dann schon frühzeitige, sonst überwindbare kritische Situationen zum Untergang. So steht der Vorgang des Siech-Werdens und des daraus folgenden Sterbens einer tierischen Sozietät in ausgesprochenem Gegensatz zu einem Untergang in der letzten Katastrophe, die nichts Pathologisches an sich hat.

10. Fragen der Ökonomie

Für die tierische Sozietät vermochten wir das Entstehen kritischer Situationen letztlich auf die räumlichen Beziehungen der Individuen zueinander zurückzuführen, die sich mit der in der Zeit wachsenden Zahl der an der Sozietät beteiligten und in ihr wirkenden Individuen ändern („effect of density" im amerikanischen ökologischen Schrifttum). Der Raumfaktor ist als Umweltbedingung, die die Sozietät sich schafft, die ökologische Bedingung, die die jeweilige Seinsform der Sozietät bestimmt. Wenn also der Vermehrungsdruck die tierische Sozietät in der Zeit formt und ihren Weg bestimmt, dann läßt sich zusammenfassend sagen:

1. Wächst die Zahl der Individuen in der Sozietät, dann entwickelt sich eine neue kritische Situation;
2. bleibt zwar die Zahl erhalten, wird aber das räumliche Areal der Sozietät von außen eingeschränkt, dann entwickelt sich ebenfalls eine kritische Situation;
3. bleibt aber die gerade vorhandene Zahl bestehen und das Areal erhalten, so unterbleibt eine kritische Situation.
4. Bleibt das Areal erhalten, verkleinert sich aber die Zahl der Individuen in der Sozietät, so wird ein Abbau der verwickelten Beziehungen der Individuen zueinander und der einander bedingenden Funktionen nötig. Errungenschaften aus früheren Leistungen werden überflüssig, ja, die Gemeinschaft erhält sich nur durch einen sinnvollen Abbau dieser bisherigen Errungenschaften, die, wenn weiter vorhanden, einem Bedeutungswandel ausgesetzt sein müssen. Dazu einige Beispiele:

Eine staatenbildende, afrikanische Wespe aus der Gattung Belonogaster baut i. a. Nester mit 50 bis 60 Zellen. Mehrere Weibchen haben die Zellen gebaut, leben nebeneinander und tragen gemeinsam für das ganze Nest Futter und Baustoffe herbei. Setzt aber Nahrungsmangel – meistens durch Trockenheit bedingt – ein, so wandern begattete Jungweibchen ab, die an einem anderen Ort ein neues Nest gründen. Die jüngsten Larven aber werden von den im Nest zurückgebliebenen Weibchen abgetötet und mit ihnen die älteren gefüttert. Schließlich kann sich die Nestgründerin auf eine einzelne Larve beschränken und sich verhalten wie eine einzeln lebende Wespe (Hesse-Doflein 1943).

In unserem Zusammenhang heißt das: Nahrungsmangel führt zu einer kritischen Situation. Die Sozietät mindert durch Abwandern einzelner die Individuenzahl und vermeidet dadurch eine Katastrophe. Diese Verminderung der Individuenzahl im Nest nimmt aber die Arbeitskräfte für die Wartung der Larven-Zellen, die ihrerseits in ihrer Zahl ja noch dem voll besetzten Nest entsprechen. Es folgt (durch Töten eines Teiles der Larven) ein Abbau von Errungenschaften aus früheren Leistungen. Diese Errungenschaften können bis auf einen letzten Rest (eine Larven-Zelle) aufgegeben werden. Erfolgt diese Beschränkung nicht oder nicht im Rhythmus der Erfordernisse, werden diese früheren Werte jetzt zu einer tödlichen Gefahr für alle. Ehemalige Leistungen der Sozietät müssen einen Bedeutungswandel durchmachen: aus Zellen für die Nachkommenschaft werden Futterzellen.

Bei dem sozial lebenden Manteltier Amaroecium führt im Sommer die Knospung zur laufenden Vergrößerung der Kolonie. Wenn aber im Herbst (auf gleiche Weise) Individuen hervorgebracht werden, welche Geschlechtsprodukte bilden, und erhalten diese in kurzer Zeit nicht genügend Aufbaustoffe, so verdauen Mantelzellen (Phagocyten) die sterilen Individuen. Auch hier geschieht ein Abbau von Errungenschaften aus früheren Leistungen. Denn auch hier machen bei einsetzender kritischer Situation einzelne Individuen für die Sozietät einen Bedeutungswandel durch: aus sterilen Sozietätsgliedern wird Nahrung für die Geschlechtstiere bei Abnahme der Individuenzahl der Sozietät im ganzen.

Lag bei dem Beispiel Belonogaster die Ursache für die Notwendigkeit der Verkleinerung außerhalb der Sozietät (Nahrungsmangel durch Trockenheit), liegt sie bei Amaroecium in ihr selbst (Nahrungsmangel durch höhere Ansprüche einzelner qualifizierter Sozietätsglieder).

So wird uns das Problem der Ökonomie des Abbaus klar. Es wird aber auch verständlich, daß in einer zahlenmäßig ständig abnehmenden Sozietät, die einst zu ihrer Behausung weitläufige und technisch vollkommene Bauten errichtet hatte, diese – da nur als Ganzes verwendbar, und ihre Planmäßigkeit im ganzen eine Funktionsmäßigkeit im ganzen ist – völlig geräumt und dem Zerfall überlassen werden. Am anderen Ort aber entstehen neue, kleinräumige und einfacher funktionierende Behausungen.

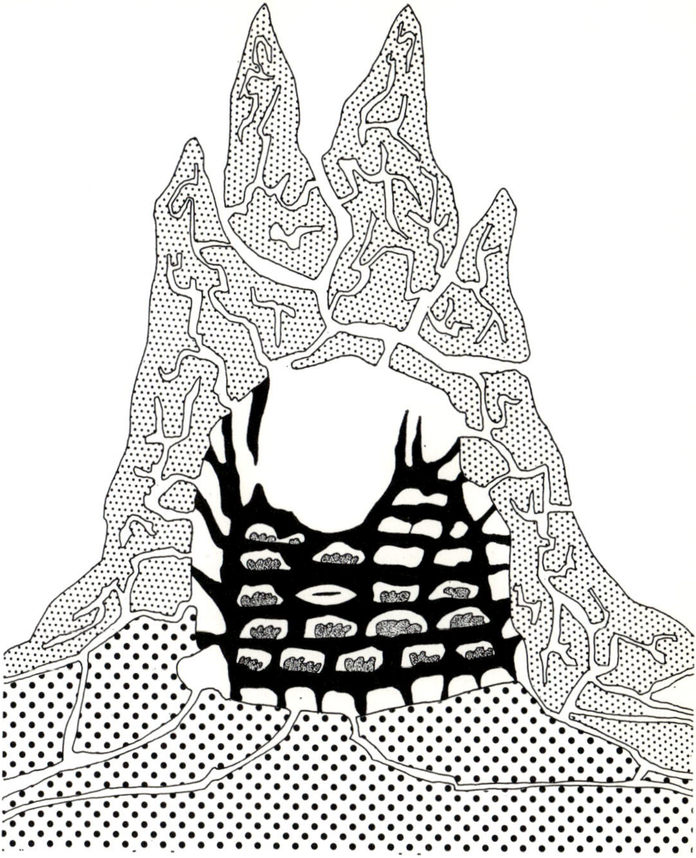

Abb. 28. Schemabild eines Termitenbaues (Macrotermes natalensis). Grobpunktiert = Erdbau, von Gängen durchzogen; feinpunktiert = gemauerter Mantel; schwarz = Nest mit Königskammer und Pilzgärten (umgezeichnet nach Grassé aus Weidner 1955).

Großbauten für Sozietäten, die als Ganzes zu funktionieren haben, und die abgestimmt sind auf die besonderen Bedürfnisse und Leistungen von zukünftig darin hausenden, in mehrere Gruppen spezialisierten Individuen, verlangen für ihre Durchführung einen (vom Instinkt vorgeschriebenen) Plan, in dem schon die unterschiedlichen, zukünftigen Verwendungs-

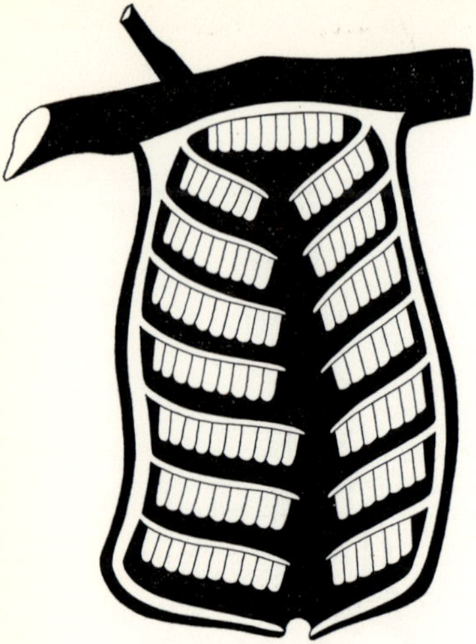

Abb. 29. Nest der Wespe Chartergus chartarius. Seine Vergrößerung bei zunehmender Individuenzahl der Sozietät erfolgt durch Aneinanderfügen gleicher Teile („phragmocyttarer“ Nesttypus).

zwecke der einzelnen Bauelemente und Bautrakte enthalten sind. In dieser Weise erfolgt die Aufführung gewisser Termitenbauten (Abb. 28). Diese Bauten sind ein Ganzes und sind von einer Sozietät als Ganzem mit allen Spezialisten zu bewohnen, deren Zahl nicht unter einen bestimmten Grenzwert fallen darf. Sinkt die Zahl weiter (und ändert sich damit das Verhältnis der Spezialistengruppen zueinander sowie das Verhältnis von Bewohnerzahl einerseits und Raumanzahl und Raumgröße andererseits), ist der Bau als Ganzes ungeeignet, und er muß verlassen werden.

Die Sozietät, die die Termite Calotermes flavicollis bildet, frißt sich als Ganzes wandernd durch das Holz. Sie würde also im Laufe der Zeit ein riesiges Gangsystem schaffen, das für die Zahl der Sozietätsglieder wesentlich zu groß würde. So ist das Verhalten, die alten Gänge hinter sich durch verspeichelte Kotballen und Holzspäne zu vermauern, wohl so zu verstehen, daß dadurch die Größe des Baues immer der gerade vorhandenen Kopfzahl der Sozietät und ihren Funktionen entspricht. Das Verhalten, zur rechten Zeit und am rechten Ort die Behausung auf die jeweilige Kopfzahl der Sozietät abzustimmen, ist eine regulierende Maßnahme für das jeweils tragbare Verhältnis von Kopfzahl der Sozietät und Raumzahl der Behausung. Überflüssige Bauabschnitte sind wohl deshalb für Calotermes

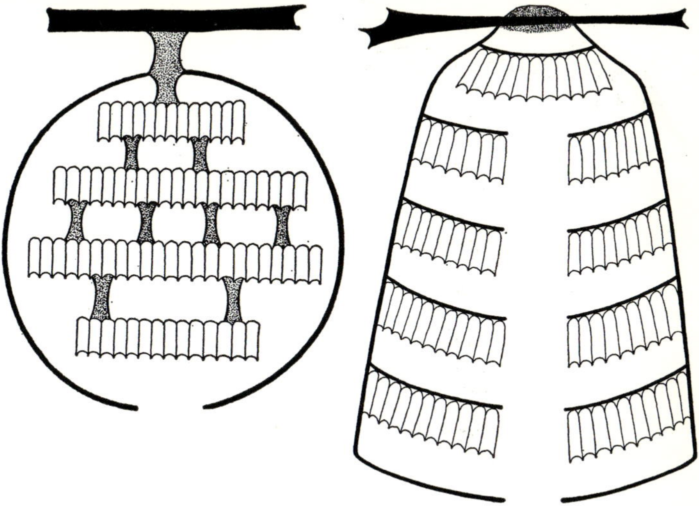

Abb. 30. Zwei Bautypen von Wespennestern: Links = stelocyttarer Typus (die Umhüllung begrenzt die Zahl der Waben im Innern von vornherein). Rechts = phragmocyttarer Typus (das Nest und die Zahl der anzufügenden Waben können beliebig wachsen). Nach Bischoff 1927.

untragbar, weil nur das richtige Verhältnis von Kopfzahl zu Raumzahl Temperatur, Luftzirkulation und Wasserhaushalt in den für die Art zuträglichen Maßen und Verhältnissen bestehen läßt. Außerdem bedeutet das Verbauen des Kotes, verbunden mit seiner Einspeichelung und Vermengung mit Holzspänen, seine sichere und endgültige Beseitigung aus den jeweils bewohnten Gangabschnitten.

Andere Sozietäten bauen für ihre meist nach Bedürfnis und Leistung gleichen Individuen nicht in Großabschnitten (wie es die Termiten taten), sie bauen – zwar planmäßig – aber durch Angliederung von gleichen Teilabschnitten, d. h. sie bauen die gleichen Bauelemente, sobald sie nötig werden, immer wiederholend (als Beispiel das Nest der Wespe Chartergus chartarius (Abb. 29). Der Bau ist bei Abnahme der Individuenzahl durch Stillegen einzelner Teile und durch Beschränkung auf in sich funktionierende Abschnitte noch bewohnbar. Bischoff (1927) unterscheidet zwischen „stelocyttaren“ und „phragmocyttaren“ Nest-Typen (Abb. 30, 31) und zeigt damit das gleiche Phänomen auf.

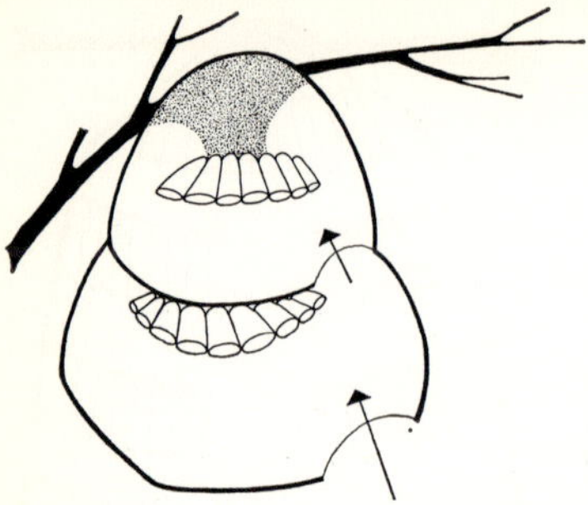

Abb. 31. Nest der Wespe Polybia affinis mit seitlichem Flugloch. Bei Vergrößerung der Individuenzahl der Sozietät wird unter die vorhandene ältere Glocke eine größere neue gebaut (nach van der Vecht 1967).

Bei der Wespe Belonogaster bestand die „Ökonomie des Abbaus" im Abwandern der überzähligen Weibchen und im Verfüttern der jüngsten Larven an die älteren. In Sozietäten, die kritische Zustände durch vielseitige Spezialisationen ganzer Individuen-Gruppen auf bestimmte Aufgaben überwunden haben, muß sich der Abbau darin äußern, daß bestimmte Spezialisationen aufgegeben werden.

Eine Wandlungsfähigkeit des Individuums im Rahmen der ökonomischen Erfordernisse für das Ganze ist, wie wir auf Grund der Untersuchungen Rösch's (1930) und von Frisch's (1952) kennen, von Bienen (Apis mellifica) bekannt geworden. Seit langem wissen wir, daß jedes Arbeiterindividuum im Bienenstock eine Reihe von Lebensabschnitten durchläuft, in denen bestimmte Verrichtungen für die Sozietät auf Grund der zeitweiligen Entwicklung bestimmter Drüsen vorgenommen werden. Die Fähigkeiten zur Brutpflege, zum Wabenbau und zum Einsammeln der Nahrung folgen in den verschiedenen Altersstufen aufeinander. So scheint der Ausfall einer Gruppe von Arbeiterinnen den Ausfall einer bestimmten Verrichtung für die Sozietät zu bedeuten, dies um so mehr, als die Fähigkeit zur Verrichtung der gerade geforderten Arbeit abhängig ist von bestimmten gestaltlichen Voraussetzungen (Drüsen). Es erwies sich aber, daß die gestaltliche und funktionelle Wandlungsfähigkeit des einzelnen Individuums sowohl in Richtung auf zukünftige Fähigkeiten als auch auf vergangene groß genug ist, um Lücken im Arbeiterinnenbestand zu schließen.

Aus dem Gesagten leitet sich der 9. Hauptsatz ab:

Verringerung der in der tierischen Sozietät zusammengeschlossenen Individuen macht ehemalige, durch überwundene kritische Situationen geschaffene Werte bedeutungslos.

11. Bau und Lebensweise des Individuums und die Art der kritischen Situation der Sozietät

Wenn zwar Struktur und Strukturwandel der tierischen Sozietät – wie wir erkannten – allein durch Bindungen an den Raum bestimmt werden und durch die Verteilung der Individuen bedingte Gegebenheiten jeweils den Ablauf kritischer Situationen bewirken (und damit also die Ursache für das Auftreten kritischer Situationen in der tierischen Sozietät immer die gleiche ist), so sind doch die auftretenden kritischen Situationen und ihre Reihenfolge bei den einzelnen Tierarten nicht dieselben. Art und Reihenfolge der kritischen Situationen in den tierischen Sozietäten werden durch Bauplan und Funktionsplan der Individuen einer Art bestimmt. Wenn kritische Situationen in Form und Auswirkung so eng an das Individuum in seinem Bau- und Funktionsplan und in den angeborenen arteigenen Aktions- und Reaktionsweisen gebunden sind, so wird die ursächliche Beeinflussung der Sozietät durch diese einzelnen an ihr beteiligten und sie aufbauenden Individuen (und überhaupt die Kausalketten in diesen organischen Systemen) besonders deutlich. Gewisse Situationen werden daher für bestimmte Baupläne (Funktionspläne) typisch sein. In den Möglichkeiten des Bauplans und den mit ihnen verbundenen Funktionen ruhen denn auch ganz bestimmte Reaktionsweisen zur Überwindung von kritischen Situationen:

a) Formwandel: Für Sozietäten festsitzender (sessiler) Arten gehört die Beantwortung der Frage nach der Baugrundverteilung zu den wichtigsten und zu den über kurz oder lang auftretenden organisatorischen Leistungen. Darüber hinaus pflegen die Individuen über Fähigkeiten zu einfachen Lageverschiebungen und zu zusätzlichem Materialeinsatz in ihrem Körper zu verfügen. Zusätzlicher Materialeinsatz ist häufig nur durch Abwandlung des Bauplanes durchführbar, weil schon bloße Massenzunahme bestimmter Konstruktionen statische Verschiebungen auslösen und größere, zusätzliche oder überhaupt andere Leistungen von den stützenden Teilen verlangen. Festsitzende (sessile) Arten lassen daher in vielen Fällen besondere Fähigkeiten zu grundlegendem Formwandel der Indi-

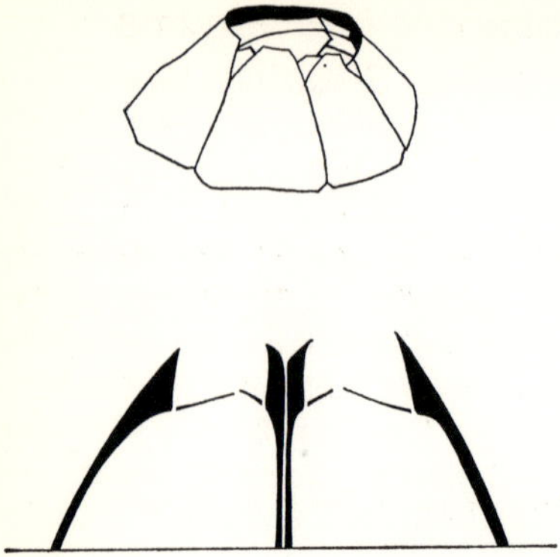

Abb. 32. Seepocke Balanus balanoides. Oben: kegelförmig aus einzelnen Mauerplatten gebaut mit 4fachem Verschlußdeckel. Unten: 2 dicht nebeneinander sitzende Individuen, im Schnitt dargestellt. Die beiden Individuen haben sich in der Form verändert und ihre Mauerplatten auf der Seite der Berührung einander angepaßt.

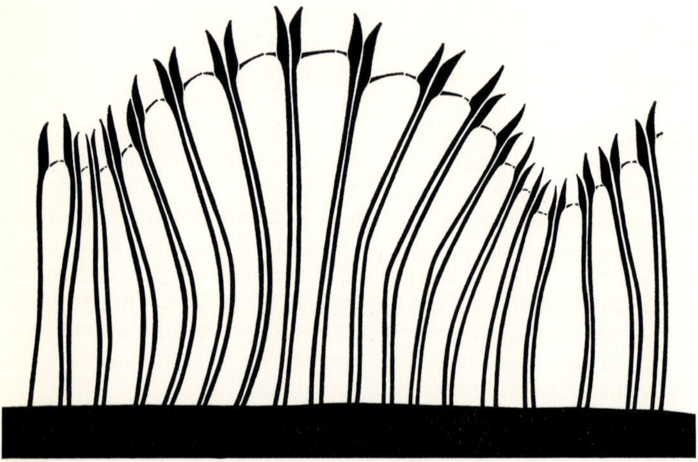

Abb. 33. Ausschnitt aus einer viele zehntausend Individuen zählenden Kolonie der Seepocke Balanus balanoides. Die im engen Verband stehenden Seepocken haben allseitige Berührung; der Panzer jedes Tieres hat Turm-Form angenommen. Die Oberfläche der Kolonie ist im ganzen gebuckelt, wohl Ausdruck von Druckzonen in der Kolonie, entstanden beim gleichzeitigen Aufwärtswachsen und Dickerwerden aller Individuen.

viduen erkennen. Es sei nur an die tiefgreifenden Umkonstruktionen des Kalkpanzers erinnert, zu denen die Seepocke Balanus balanoides (Abb. 32 und 33) im Laufe ihres Lebens und unter den verschiedenen Bedingungen in der Sozietät befähigt ist (Schäfer 1938, 1952, Gutmann 1960).

b) Siphonal-Anlagen: Die mangelnde Ortsbeweglichkeit festsitzender (sessiler) Arten verlangt einen Nahrungserwerb vom Ort aus. Die Nahrung wird (im Wasser) herangestrudelt, herangesogen, herangegriffen oder mit Netzen gefangen; die anfallenden Stoffwechsel-Produkte aber müssen für jedes Tier durch aktiven Schub über die Leibesgrenze hinaus dem gleichen Raum anvertraut werden, der die Nahrung führt und der zugleich den Sauerstoff zur Atmung in sich trägt. Einholen und Ausstoßen müssen daher beim einzelnen Tier zeitlich getrennt sein, oder die Faeces müssen geformt, verdichtet und durch Schleim abgeschlossen sein (faecal-pellets), wenn sie nicht für die ganze Sozietät hygienisch gefahrbringend werden sollen (Schäfer 1953 und 1962). Gelingt schon die Koloniegründung nur in nahrungsreichen Räumen, so führt in der Folge die zahlenmäßige Ausweitung der Sozietät, welche nun im ganzen und in allen Größenstadien verbrauchtes Atemwasser und Faeces über die Grenze der Sozietät hinausbringen muß, sehr bald zu den geschilderten hygienischen Gefahren. Die festsitzende Sozietät neigt daher zur Ausbildung von radiär gerichteten Ausstoßöffnungen und Siphonal-Auswüchsen, Bildungen also, die aus möglichst verschiedenen und möglichst weit von der Kolonie abliegenden Räumen Nahrung und Sauerstoff heranführen sollen und andere, welche die Faeces möglichst weit von der Kolonie hinwegbringen.

c) Stockbildung: Bei Sozietäten, die durch vagile Individuen getragen werden, wird der Ausfall eines Tieres infolge Alterstod wettgemacht durch laufend nachrückende Jungtiere, welche die verwaisten Funktionen übernehmen. Wir sprechen von der Aufeinanderfolge der Generationen. Die Permanenz der Sozietät gerät durch den Vorgang des Alterstodes ihrer Individuen nicht in kritische Situation.

Bei sessilen Sozietäten, deren Individuen durch Abscheiden von Feststoffen (kohlensaurem Kalk, Tunicin, Chitin) freistehende Bauten errichten (z. B. Korallen), besteht die Leistung der in den basalen Stockteilen lebenden Individuen in Maßnahmen für das Dickenwachstum dieser den ganzen Stock tragenden Basisteile. Können diese Individuen nicht ersetzt werden, ist der ganze Stock in seinem Alter bezogen auf die Lebensdauer dieser einen Generation. Nur die mechanische

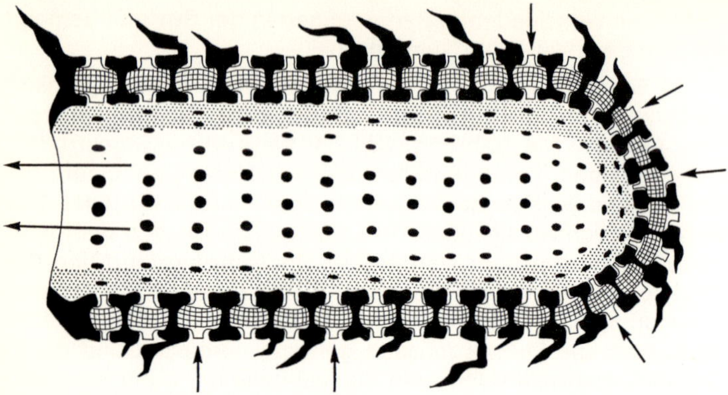

Abb. 34. Die Stock-bildende Ascidie Pyrosoma (Feuerwalze) lebt planktonisch in den oberen Wasserschichten tropischer Meere. Längsschnitt-Bild: viele Einzelindividuen haben sich zu einem Tonnen-förmigen Gebilde zusammengeschlossen (beachte Pfeile, welche den Verlauf der Wasserströme zeigen); nach Claus-Grobben 1928, abgeändert.

Festigkeit des toten Stammteiles vermag für eine gewisse Zeit den Stock (als Ganzes und in seinen oberen Teilen weiter wachsend) aufrechtzuhalten.

Gleiche Gefahren liegen im vorzeitigen Tod einzelner mit vielen Artgenossen zusammen eine Fläche bildender Individuen. Hier liegt die Leistung im „Flicken" des Lochs im Teppich durch Einfügung neuer Individuen oder durch Wachstumsvorgänge an den dem Loch benachbarten Individuen.

d) Ordnungsleistungen: Individuen können in einer Sozietät ständig freibeweglich oder aber an ein Heim gebunden sein. Die ständig freibewegliche Sozietät entgeht der Gefahr des Raumdruckes in vielen Fällen, ihr droht aber die Gefahr der Versprengung, welcher durch die Leistung der Sinnesorgane begegnet wird. Wo diese Sinnesorgane durch zahlenmäßige Ausweitung der Sozietät überfordert werden, können reine Ordnungsleistungen der Gefahr begegnen.

e) Sozietäten als funktionelle Gestalten: Vergesellschaftungen, deren Individuen miteinander verwachsen, aber als Ganzes (meist planktonisch) freibeweglich sind (wie Volvox, Siphonophoren, Salpen-Ketten), fehlen manche kritischen Situa-

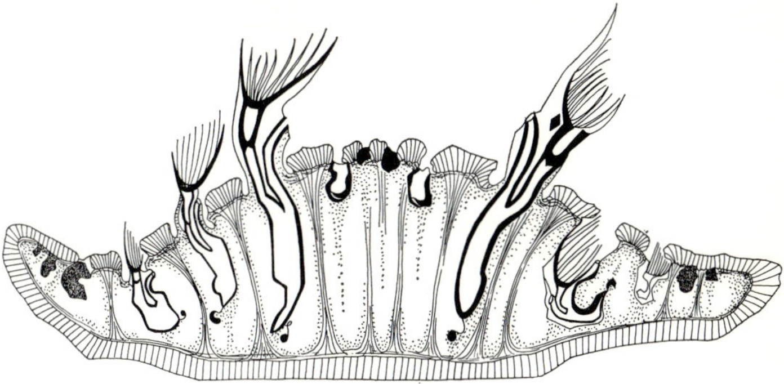

Abb. 35. Querschnitt durch den Körper einer Moostierchen-Kolonie, Cristatella, welche sich (im rechten Winkel zur Bildebene) fortbewegen kann. Der Körper der Kolonie ist im ganzen langgestreckt wurmförmig. Beachte: An den beiden Außenseiten entwickeln sich Einzelindividuen: diese wandern von beiden Seiten nach innen und werden zu erwachsenen Tieren. Sich zurückbildend und von Nachkommenden von außen her ersetzt, wandern sie zur Koloniemitte und sterben, sich einkapselnd, ab (nach Kraepelin 1887, abgeändert).

tionen, die der festsitzenden Sozietät eigen sind, aber auch solche, die der Sozietät mit freibeweglichen Individuen begegnen. Für sie liegt bei der Mehrung der Individuen die Schwierigkeit in vielen Fällen darin, daß aus bewegungstechnischen Gründen eine bestimmte, funktionell wirksame Gestalt der ganzen Sozietät trotz Vergrößerung der Individuenzahl beibehalten werden muß, diese Gestalt aber nur eine gewisse Zahl von Individuen aufnehmen kann.

So ist für Volvox ein Abgehen von der Kugelgestalt, nachdem sie einmal durchgeführt, nicht mehr möglich, weil die Verkittung der einzelnen Individuen und damit die Statik der ganzen Sozietät nur unter der Voraussetzung des Drucks und Zuges im Kugelgewölbe genügend ist.

Für einige freischwimmende Feuerwalzen-Arten (Pyrosoma, Abb. 34) ist, nachdem die Individuen durch Knospung entstanden sind, die Fähigkeit, eine nachträgliche Ordnung durch Umordnung noch junger Individuen durchzuführen, ein wichtiges Regulativ für das Beibehalten der dynamisch bedeutungsvollen Gestalt der Sozietät trotz Zunahme der Individuenzahl. Die jungen Individuen werden als Knospen von Mantelzellen passiv zu dem Ort im Pyrosoma-Stock gebracht, an dem sie leben sollen (Lohmann 1915). Den „richtigen“ Ort jedes Individuums in der Kolonie macht die Gestalt der Kolonie aus, bei Pyrosoma eine langgestreckte, innen hohle Walze, die an einem Ende geschlossen und am anderen Ende, dem gemeinsamen Kloakenausgang, offen ist. Diese regelmäßige Walzengestalt der Kolonie muß immer, wie groß auch die Zahl der an der Sozietät beteiligten Individuen ist, gewährleistet sein, weil nur ein gemeinsames Auspressen des Wassers durch den gemeinsamen und in eine Richtung weisenden Kloakenraum ein Bewegungsschwimmen der Sozietät ermöglicht.

Diese miteinander verwachsenen, aber zur Ortsbewegung befähigten Kolonien sind im allgemeinen Planktonten. In dem in Teichen und langsam fließenden Gewässern lebenden Moostierchen Cristatella (Abb. 35) haben wir, als Ausnahme, eine freibewegliche Kolonie verwachsener Individuen, die sich auf einer Unterlage kriechend fortbewegt. Hier ist die schmal wurmförmige, im ganzen zweiseitig-symmetrische Gestalt der Kolonie mit Rücken-Bauchabplattung Ausdruck gerichteter Ortsbewegung auf einer Unterlage, wie sie Planktonten und festsitzende Kolonien vermissen ließen. Die Einordnung der neu zur Kolonie hinzutretenden Individuen muß sich daher nach dieser Grundform der Kolonie richten. Dies geschieht so, daß die in den Lateralbereichen der Kolonie sich entwickelnden Einzelindividuen (Polypide) langsam aus der randlichen Knospungszone nach innen in Richtung auf die Mediane des Tierstockes hin wandern und dort i. a. in 3 Reihen angeordnet sind. Während von der Peripherie her neue Polypiden-Reihen nach innen wandern, sterben die innersten (und ältesten) ab und wandeln sich im Bereich des freien Rückenraumes der Kolonie in eine bräunlich-körnige Masse. Durch diese ständige Wanderung der Einzelindividuen von außen nach innen (gebunden an eine überindividuell wirksame, genetisch gesteuerte Programmierung) erreicht die Kolonie, daß ihre für die Ortsbewegung geeignete Wurmform, sowie die Zahl der an der Kolonie beteiligten Individuen ohne Substanzverlust immer gewahrt bleiben, obwohl jedes Einzelindividuum der (viele hundert Tiere starken) Kolonie ein wesentlich geringeres Alter aufweist als die ortsbewegliche Kolonie im ganzen. Diese Ortsbeweglichkeit erfolgt durch Quer- und Längsmuskellagen unter der einschichtigen Koloniewandung, die Hautmuskelschlauch-artig die

Kriechbewegungen möglich machen. Durch Ausscheiden einer gelatinösen Schleimschicht auf der Unterseite vermag sich die etwa 3–4 cm lange Kolonie teilweise oder ganz festzuheften.

f) Bauplanänderungen am Wohnbau der Sozietät: Die Heimgründung ist bei freibeweglichen Sozietäten mit freibeweglichen Individuen häufig verbunden mit dem Bau von Wohnungen für die Glieder der Sozietät. Baumaterial sind Körpereigene oder Körper-fremde Substanzen oder beides, in vielen Fällen auch Grabgangsysteme. Damit treten für die in diesen Bauten wohnenden Individuen, die dort wieder in gewissem Maß festsitzend geworden sind, die gleichen kritischen Situationen auf, die schon für die rein festsitzenden Sozietäten mit sessilen Individuen galten, mit dem Unterschied, daß nun bei Mehrung der Individuenzahl nicht mehr Bauplan-Änderungen am Organismus des Einzelindividuums, sondern Bauplan-Änderungen am künstlich errichteten Bau einsetzen.

Im Vergleich aller Formen beschriebener sozialer Ordnung und der sie begleitenden Architekturen wird deutlich, daß im ganzen mit fünf Grundtypen zu rechnen ist; wobei Übergangsformen durchaus möglich sind. In Tabelle 1 ist versucht, diese fünf Typen sozialer Ordnung unter folgende drei Fragen zu stellen:

1. In welcher Weise bewegen sich die Sozietät (und die einzelnen Sozietätsglieder) im Raume und wie breiten sie sich damit in ihrem Biotop aus?

2. In welcher Weise (ob durch organisatorische oder durch technische oder durch beide Leistungen) werden kritische Situationen überwunden?

3. Welche Architekturen als sinnfälligste Gemeinschaftsleistungen der Sozietät sind verwirklicht?

Hierbei wird deutlich, daß die fünf möglichen Grundtypen tierischer Sozietäten durch bestimmte Architekturen, als den bezeichnendsten Ausdrucksleistungen tierischer Sozietäten, gekennzeichnet sind. Es errichten

1. sessile Individuen mit ihren Körpern und deren Hartgebilden (Außen- oder Innenskeletten) Architekturen nach statischen Gesetzen. Es errichten

2. sessile, aber in Gemeinschaft planktonisch schwimmende Individuen mit ihren Körpern Architekturen, die als schwebend-schwimmende Gefährte im ganzen funktionell gestaltet sind. Es errichten

3. sessile, aber in Gemeinschaft auf einer Unterlage bewegliche Individuen mit ihren Körpern Architekturen, die im ganzen funktionelle (der Lokomotion dienende) Gestalten sind. Es bilden

Tabelle 1: Fünf Typen von Sozietäten, geordnet nach dem Verhältnis der Einzelindividuen und der Sozietät im ganzen zum Raum (sessil – vagil) und die Architekturen als Gemeinschaftsleistungen der Sozietätsglieder in Raum und Zeit.

Sozietäten	(1.) Welche Bewegungsweisen und welche Ausbreitung einer Sozietät im Raum
1. Alle Individuen sessil und zusammengedrängt auf fester Unterlage	durch vagile, solitär lebende Larven mit Ortswahlvermögen
2. Alle Individuen körperlich zusammengeschlossen zu einer Einheit, die funktionierende und fungierende, im Raum sich fortbewegende Konstruktion ist	durch planktonisches Verhalten der Sozietät im ganzen
3. Alle Individuen körperlich zusammengeschlossen zu einer Einheit, die funktionierende und fungierende, im Raum sich fortbewegende Konstruktion ist	durch Kriechen der Sozietät auf Unterlage
4. Alle Individuen vagil, bisweilen als Kolonien auf Zeit an bestimmten Orten sich aufhaltend Individuen in anonymem Kontakt, oder Individuen in persönlichem Kontakt	durch Laufen, Schwimmen, Fliegen einzelner (juveniler oder adulter) Individuen
5. Alle Individuen vagil, aber Sozietät in selber errichtetem Gebäude (am Ort größter Geborgenheit) lebend	durch Laufen, Schwimmen, Fliegen einzelner Individuen

4. rein vagile Individuen Sozietäten, die in anonymem oder persönlichem Kontakt untereinander stehen; sie errichten keine Architekturen; diese Sozietäten sind reine Zeitgestalten. Es bilden

(2.) Welche Maßnahmen, kritische Situationen zu überwinden	(3.) Welche Architekturen
durch technische Leistung, d. h. durch Umbau der Körperkonstruktion jedes einzelnen Individuums gemäß der örtlichen Bedingung	Architektur im Raum nach statischen Gesetzen, aus den Körpern der Sozietätsgenossen aufgebaut
durch organisatorische und durch technische Leistung, d. h. durch bestimmte Ordnung der Individuen der Sozietät in bezug zum Raum	funktionelle (auf Ortsbeweglichkeit bezogene) Architektur, aus den Körpern der Sozietätsgenossen aufgebaut
durch organisatorische und durch technische Leistung, d. h. durch bestimmte Ordnung der Individuen der Sozietät in bezug zum Raum	funktionelle (auf Ortsbeweglichkeit bezogene) Architektur, aus den Körpern der Sozietätsgenossen aufgebaut
durch organisatorische Leistung, d. h. durch bestimmte Ordnung der Individuen der Sozietät in Raum und Zeit	reine Zeitgestalt, d. h. Architektur in der Zeit als Aufeinanderfolge von Seinsstufen
durch organisatorische und durch technische Leistungen	Architektur (baustofftote Substanz) nach statischen Gesetzen und in Hinblick auf bestimmte Lebensverrichtungen der vagilen Individuen angelegt

5. rein vagile Individuen Sozietäten, die in anonymem oder persönlichem Kontakt untereinander stehen, die aber nach statischen Gesetzen aus körperfremder oder körpereigener Substanz Architekturen errichten.

Die Darstellung der in diesem und in den vorhergehenden Kapiteln gegebenen Beispiele des Kräftehaushaltes in tierischen Sozietäten und der Maßnahmen und Bauwerke im einzelnen läßt den Eindruck aufkommen, daß jedes einzelne in die tierische Sozietät eingespannte Individuum wie das Glied in einer Maschine und ohne jegliche Spannung zwischen Individuum und Kollektiv funktioniert. Hassenstein (1961) hat jedoch deutlich gemacht, daß die Individuen keineswegs aller Spezies, die als Sozietäten existieren, völlig spannungsfrei sind, daß vielmehr Fälle bekannt sind, in welchen sehr wohl die Befriedigung eigener Tendenzen mit den Forderungen des Kollektivs zu Spannungen führen. Hassenstein gibt für die folgenden drei möglichen Fälle Beispiele.

Er zeigt auf, daß

1. „Glieder einer Tiergemeinschaft im Konflikt mit den Ansprüchen des Kollektivs oder seiner Repräsentanten leben" (Leben in der „Rangordnung" mit allen Folgen der Unterdrückung, der Behauptung und der Unterwerfung, vgl. auch Lorenz 1965, Remane 1971); daß

2. „eine vollkommene Harmonie zwischen Individuum und Kollektiv jedoch hier dadurch erreicht ist, daß den Individuen alle Fähigkeiten im Bauplan und im Verhalten genommen sind, die für den Staat unnötig oder abträglich sind" (Ausbildung von „Kasten", Arbeitsteilung, Kollektivierung bestimmter lebensnotwendiger Triebe und Fähigkeiten: Ernährungstrieb, Fortpflanzungs- und Brutpflegetrieb, Selbsterhaltungstrieb); daß

3. „in einer Sozietät einzelne Tiere als Individuen hervortreten und entscheidend in das Staatsleben eingreifen, ohne daß dies zu Konflikten führt" (Sozietäten frei von „Kasten", Spezialisierungen in einem Individuum nacheinander nach Bedarf und in Harmonie mit den Genossen auftretend).

12. Partituren und Umwelt

Tierische Sozietäten sind, wie wir erkannt haben, Abläufe in der Zeit mit Anfang und Ende. Verdeutlichen wir zusammenfassend ihre „Partituren", d. h. die Zeitmaße, in die sie – in ihren Einzeläußerungen zudem aufeinander bezogen – gefügt sind, und die möglichen durch die realen Umwelten gegebenen Zeitabschnitte in graphischen Darstellungen und knüpfen wir einige weitere Betrachtungen daran:

a) Abbildung 36 veranschaulicht die tierische Sozietät X, welche durch vier kritische Situationen gekennzeichnet ist. Wir erkennen,

daß mit jeder erfolgreichen Überwindung einer kritischen Situation durch die damit gewonnenen Freiräume die Bevölkerungszahl in der Sozietät zunimmt;

daß diese Zunahme der Bevölkerung von kritischer zu kritischer Situation nicht in gleich starken Schüben vonstatten geht, vielmehr die durch erfolgreich überwundene kritische Situationen geschaffenen Freiräume nicht gleich groß sind, daß also die in Hinblick auf die Schaffung von Freiräumen getroffenen Maßnahmen zumindest im quantitativen Effekt nicht gleich erfolgreich sind;

daß die einzelnen sozialen „Seinsstufen" zwischen zwei kritischen Situationen verschieden lang sind (daß also die überwundenen kritischen Situationen den Gesamtablauf des Lebens einer Sozietät nicht in gleich lange Seinsstufen zerteilen).

Kritische Situationen beenden also Seinsstufen und leiten (durch die Mittel der Organisation oder der technischen Leistung) in die nächste über. Sie sind Regulationsprozesse in der Sozietät und sind bei wachsender Individuenzahl nicht vermeidbar, sondern notwendiger Vorgang; sie produzieren Raum und sie produzieren damit die Zukunft der Sozietät.

Es gibt – und dieser Hinweis bezieht sich auf die 6, hier gegebenen Schemabilder – Tierarten, welche so wenig unter dem Druck ihres sie tragenden Ökosystems stehen, daß sie fast regelmäßig bei ständiger Vermehrung ihrer Individuenzahlen alle der Art möglichen Seinsstufen durchlaufen; es gibt andere Tierarten, welche fast immer unter starkem Druck ihres sie tragenden Ökosystems stehen und welche daher nur unter besonders günstigen Bedingungen alle der Art möglichen Seinsstufen durchlaufen. Unsere Schemabilder Abbildung

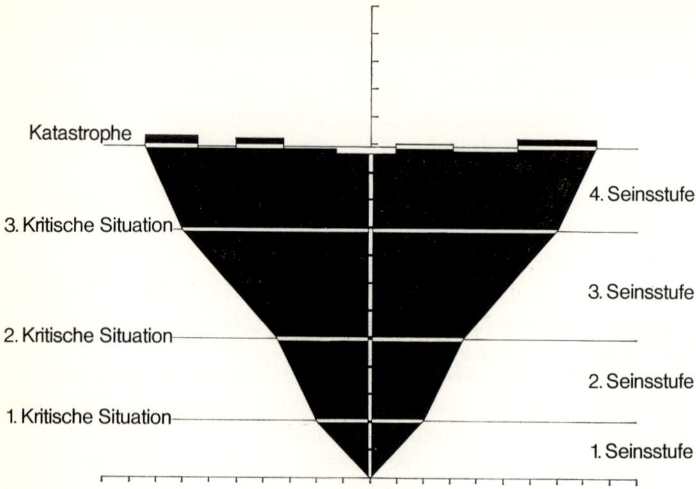

Abb. 36. Schemabild einer Sozietät X unter normalen Außenbedingungen, 4 Seinsstufen in 12 Zeiteinheiten durchlaufend. Die Bevölkerungszahl in dieser Sozietät nimmt kontinuierlich zu.

36 und 37 zeigen Gesamtabläufe einer Sozietät; die Abbildungen 38 und 39 zeigen Schemabilder von Sozietäten, die unter solchem Druck der Außenbedingungen stehen, daß sie das letzte Stadium, das der Katastrophe, nicht zeigen. Die ökologische Wissenschaft (Schwerdtfeger 1968) spricht, wenn sie Aussagen über die Bevölkerungsdichte der in einem Lebensraum existierenden Individuen einer Art macht, von der „Abundanz“, und sie spricht von der „Abundanzdynamik“, wenn vom Wechsel in der Abundanz (vom „Massenwechsel“) die Rede ist.

b) Abbildung 37 zeigt die Sozietät der gleichen Spezies X unter guten äußeren Lebensbedingungen. Die Zuwachsraten an Individuen sind (wegen dieser guten Bedingungen, unter denen jedes einzelne Individuum lebt) in jeder Seinsstufe größer, so daß also auch früher die nächste kritische Situation erreicht wird als unter normalen (oder gar pessimalen) Bedingungen. Auch der Untergang der Sozietät in der den Lebensablauf abschließenden Katastrophe erfolgt auf's Ganze gesehen früher.

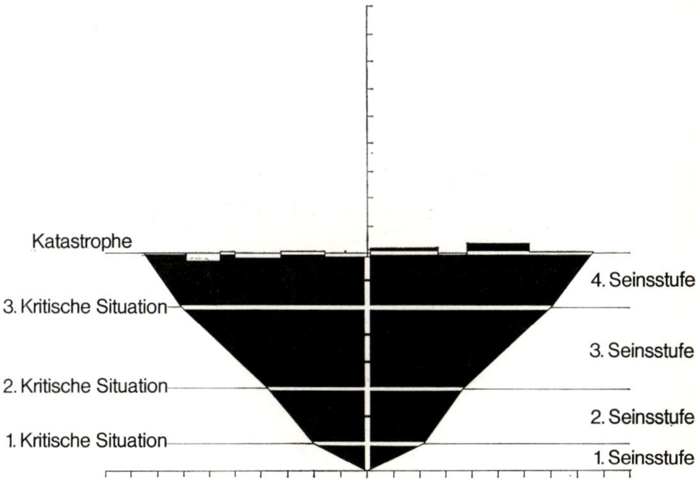

Abb. 37. Schemabild einer Sozietät X unter guten Außenbedingungen, 4 Seinsstufen in 8 Zeiteinheiten durchlaufend. Die Bevölkerungszahl in dieser Sozietät nimmt kontinuierlich zu.

Da eine Sozietät bei wachsender Individuenzahl selber die Qualität der Lebensbedingungen in der Sozietät steigert und die Sozietät sich auch als Ganzes gegen die wechselnden Bedingungen im Biotop weitgehend abschirmt, zeigen in vielen Fällen die auf der Spitze stehenden Bevölkerungspyramiden, je mehr Individuen beteiligt sind, eine um so schnellere Zunahme der an der Sozietät beteiligten Individuenzahl (Artgenossen-Effekt).

c) Abbildung 38 zeigt die Sozietät der gleichen Spezies X unter schlechten äußeren Lebensbedingungen. Wir sehen, wie durch immer wieder erfolgende Ausfälle an Individuen nur ganz langsam die zu einer kritischen Situation notwendige Individuenzahl überhaupt erreicht wird, und wir sehen, daß trotz langer Seinsstufen im einzelnen und langer Lebenszeiten der Sozietät im ganzen die letzte Lebensform (und allerdings auch die letzte Katastrophe) nicht erreicht wird, vielmehr die Sozietät vorzeitig dahinsiecht.

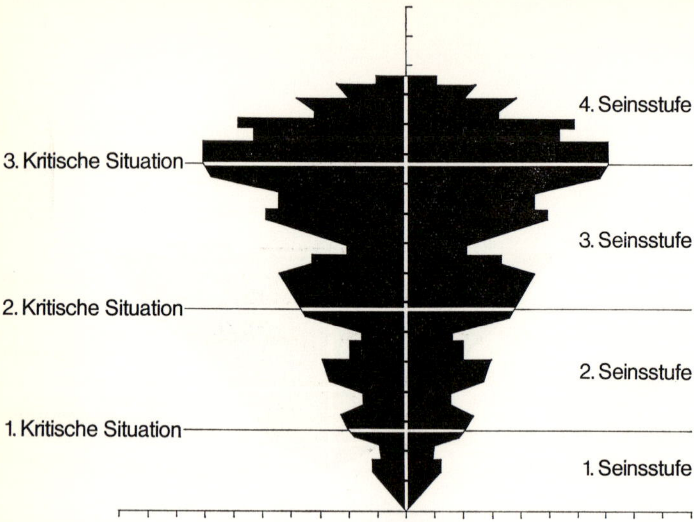

Abb. 38. Schemabild einer Sozietät X unter schlechten Außenbedingungen, 4 Seinsstufen in ca. 15 Zeiteinheiten durchlaufend. Die Bevölkerungszahl in dieser Sozietät nimmt nicht kontinuierlich zu; sie erfährt vielmehr während der einzelnen Seinsstufen jeweils mehrere, immer von neuem zu kompensierende Ausfälle an Individuen. Die Sozietät endet in diesem Schema nicht durch eine Katastrophe, vielmehr in einem langsamen Verlöschen, durch mehrere äußere, nicht kompensierbare Einwirkungen hervorgerufen.

d) Abbildung 39 zeigt die Sozietät der gleichen Spezies X unter sehr schlechten äußeren Lebensbedingungen. Nur langsam steigt die Bevölkerungszahl der Sozietät wegen der ständig erfolgenden Ausfälle an Individuen über die 1. kritische Situation hinaus und erreicht später als üblich die 2. In der nun folgenden Zeit der 3. Seinsstufe aber fehlt überhaupt (wegen nicht nachlassender Belastungen) die Kraft zur weiteren Vermehrung der Individuen. Ihre Zahl nimmt langsam weiter ab, bis schließlich die letzten Individuen der Sozietät absterben. Diese Existenz unter sehr schlechten Lebensbedingungen muß also nicht, wie unser Beispiel zeigt, die Gesamtlebensdauer einer Sozietät beschneiden; im Gegenteil, diese kann gerade besonders groß sein.

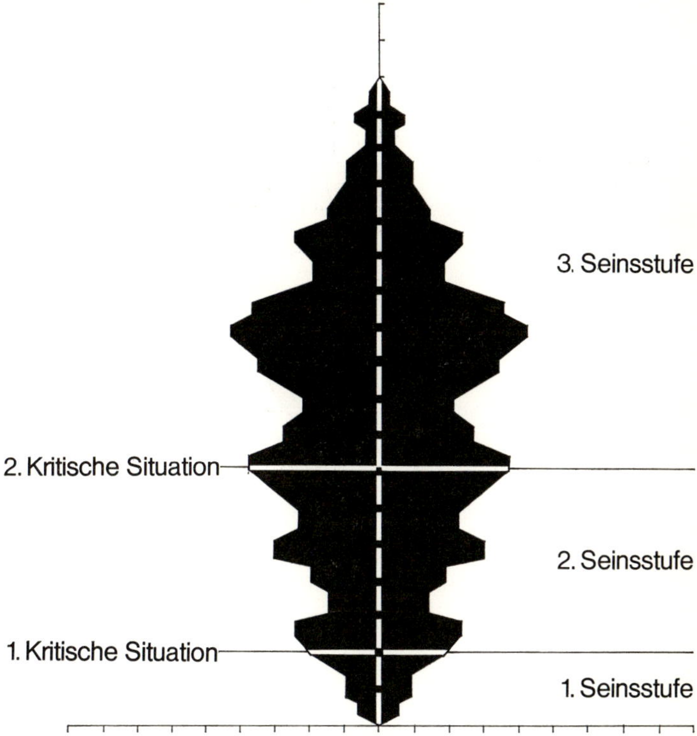

Abb. 39. Schemabild einer Sozietät X unter sehr schlechten Außenbedingungen. Diese Sozietät durchläuft 2 Seinsstufen in 7 Zeiteinheiten; in der 3. Seinsstufe geht sie nach weiteren 11 Zeiteinheiten unter allmählicher Abnahme der Individuenzahl im ganzen schließlich zugrunde.

e) Abbildung 40 zeigt für die Sozietät der Spezies X, wie nach der erfolgreich überwundenen 3. kritischen Situation Teile der Individuen der Sozietät abwandern („schwärmen", „Auswanderung", „Soziotomie" nach Grassé) und damit den Bevölkerungsdruck in der Sozietät so bedeutend vermindern, daß die Sozietät in die vorletzte (und bereits überwundene) Seinsstufe zurückversetzt wird. Von hier aus wächst sie wieder weiter, bis in der gleichen Konstellation wiederum ein Aus-

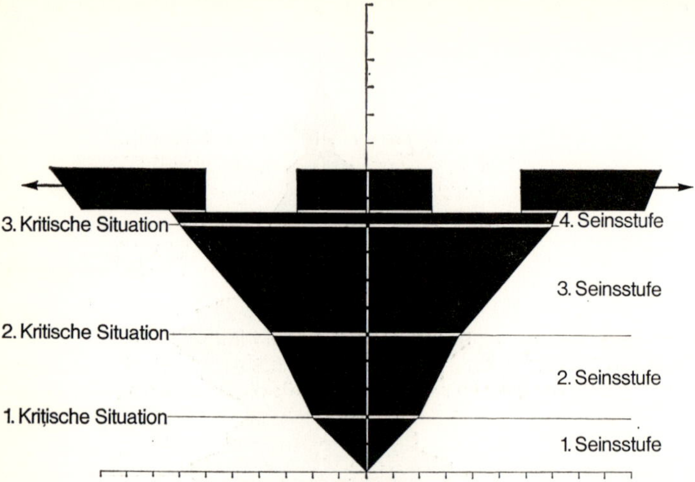

Abb. 40. Schemabild einer Sozietät X, welche in der 4. Seinsstufe zwei (späterhin an anderem Ort eigene Sozietäten bildende) Bevölkerungsanteile entläßt. „Schwärmen", „Auswandern". Die Sozietät X vermeidet durch Schrumpfung der Bevölkerungszahl zur rechten Zeit die Katastrophe.

wanderungsschub erfolgt, und so weiter. Dieses Auswandern zur rechten Zeit verhindert die letzte Katastrophe: Endliche Sozietäten (die Regel darstellend) werden auf solche Weise theoretisch unsterblich (unendlich).

f) Unsere Modellfälle (Abbildung 36, 37, 38) zeigten Sozietäten, in welchen alle der Sozietät gegebenen Stufen (Seinsstufen) verwirklicht waren und welche daher auch bei ständiger Zunahme der Individuenzahl jedesmal in einer Katastrophe endeten. Im Falle der sehr schlechten Lebensbedingungen und im Falle des Auswanderns (Schwärmens) von in sich geschlossenen Teilen der Sozietät zum rechten Augenblick (Abb. 39 u. 40) hatten wir es mit Sozietäten zu tun, die als besonders langlebig sich erwiesen.

Abbildung 41 zeigt die Sozietät der Spezies X, welche – und dies ist der Normalfall – sich als Angehörige einer intakten Lebensgemeinschaft darstellt. Wie unsere Beispiel-Sozietät aus diesem Ökosystem als Teil desselben Substanzen herausnimmt, so zehren auch umgekehrt viele Glieder der dem Öko-

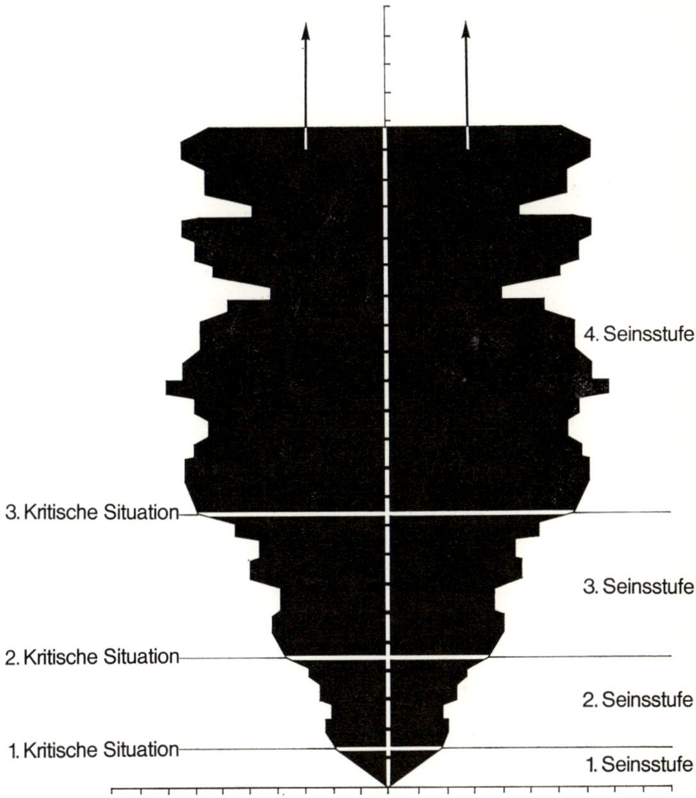

Abb. 41. Schemabild einer Sozietät X im gleichmäßigen Druck der im Ökosystem herrschenden Außenbedingungen lange Zeiten hindurch. Nach der 3. kritischen Situation entspricht der Zuwachs von Individuen etwa dem Abgang an Individuen, hervorgerufen durch natürliche Feinde und durch Einwirkungen der allgemeinen Außenbedingungen im Ökosystem. Diese Sozietät X erreicht daher in unserem Schema nicht die 4. kritische Situation, die in unseren Beispielen (Abb. 36 u. Abb. 37) Katastrophen-Situation wäre. Die 4. Seinsstufe ist, ändern sich die inneren und äußeren Bedingungen nicht, zeitlich unbegrenzt, daher in unserer Zeichnung nach oben mit Pfeilen versehen.

system angehörenden Organismen und gewisse Umweltbedingungen von der Sozietät: sie merzen also Individuen der Sozietät einzeln oder in größerer Zahl immer von neuem aus. Mit anderen Worten: Die Sozietät X ist als Nehmender und Gebender in den Stoffwechselhaushalt des Ökosystems eingespannt. Bleibt das Ökosystem in seinen belebten und unbelebten Gliedern intakt, so entspricht etwa die Zuwachsrate der Individuen der Sozietät X dem ständigen Abgang und gewaltsamen Verlust: Die Sozietät hält sich im Rahmen einer bestimmten Seinsstufe, ohne je die folgenden (für diese Spezies X möglichen) Seinsstufen zu erreichen. Ihre Existenz ist damit an die Existenz des Ökosystems, dem sie angehört, gebunden. Sie durchläuft erst die restlichen Seinsstufen und endet in einer Katastrophe, wenn das die Sozietät X einbettende Ökosystem durch gewisse Bedingungen so sich wandelt, daß eine Bevölkerungsexplosion innerhalb dieser Modellsozietät X möglich wird. Im Allgemeinen aber verhindern das biologische Fassungsvermögen des tragenden Ökosystems und der ständige Aderlaß durch Umweltkräfte den Untergang in der letzten Katastrophe.

Populationen solitärer Organismen pflegen in Gestalt einer S-förmigen Kurve, der sog. „logistischen Kurve", vom Stadium 0 bis zu einer gewissen oberen Grenze an Zahl zuzunehmen (Tischler 1955, Barlogh 1958). D. h., nach anfänglich langsamer Bevölkerungszunahme steigt diese schneller an, um bei Erreichen eines oberen Grenzwertes wieder flacher zu werden. Die Bedingungen in einer höher organisierten Sozietät sind gegen die Umwelt durch Organisation und technische Leistung derart abgeschirmt, daß diese Kurve nicht in der beschriebenen Deutlichkeit sich auszubilden vermag.

Die Schemabilder zeigen das Unabänderliche des Geschehens in einer tierischen Sozietät nach dem Inhalt, nicht aber nach der Dauer des Lebens der tierischen Sozietät im ganzen. Danach lautet der 10. Hauptsatz:

Ist zwar die Zahl der überwindbaren kritischen Situationen in der tierischen Sozietät artspezifisch, so werden doch die absoluten Längen der einzelnen Seinsstufen durch die äußeren Lebensbedingungen, in der die Sozietät sich befindet, bestimmt.

Aus den Schemata wird weiterhin deutlich: In dem für eine soziale Spezies festgelegten Verlauf der schrittweisen Zunahme an Individuen und den damit verbundenen Seinsstufen und Seinsformen (d. i. in den „Partituren") liegt keine Entwicklung, d. h. keine Wandlung zu einer bleibenden neuen Lebensform. Wir haben es hier also nicht mit einer Vervollkommnung oder gar mit einem phylogenetischen Prozeß zu tun. Die der Spezies gegebenen, hintereinander gestuften Seinsformen sind festgelegt und ändern nur in ihrer Dauer ab. Das Verhalten der Individuen einer Sozietät untereinander (oder bei sessilen Spezies die Körperform ihrer Individuen) ist auf die ihnen gerade zugeordnete Seinsform, in der sie leben, bezogen; mit dem Wechsel der Seinsform der Individuen (durch Hinüberwechseln der Sozietät über eine kritische Situation hinaus und in eine neue Seinsstufe hinein) wechseln auch bestimmte Merkmale im Verhalten der Individuen, ohne grundsätzlich Neues hervorzubringen. Jede junge Sozietät aber beginnt in ihrer Jugend wieder mit den gleichen sozialen Formen und ist den gleichen Funktionen unterworfen.

Wir können also sagen: In bezug auf die Spezies gibt es im Rahmen des Lebens einer tierischen Sozietät keine Höherentwicklung oder Vervollkommnung; das einzelne Individuum jedoch kann mehreren Seinsstufen seiner Sozietät angehören und kann damit in seinem Leben, also subjektiv, an einer „Entwicklung“ (von Seinsstufe zu Seinsstufe) teilhaben.

13. Die 10 Hauptsätze zur Theorie des kritischen Raumes

In den vorausgegangenen 12 Kapiteln wurden unter dem Gesichtspunkt des Bevölkerungszuwachses die tierische Sozietät und ihre Reaktionsweisen im Zustande des Bevölkerungsdruckes untersucht. Wir konnten bemerken, daß Antrieb aller organisatorischen oder technischen Veränderungen in der tierischen Sozietät letzten Endes der sich ständig abspielende Wechsel der Zahl der beteiligten Individuen im gegebenen Raum ist. Im Normalfall handelt es sich bei diesem Wechsel der beteiligten Individuenzahlen im gegebenen Raum um eine Zunahme der Individuenzahl im Laufe der Existenz einer Sozietät. Diese Zunahme führt zur Folge der Seinsstufen und der sie trennenden kritischen Situationen. Es wurde darüber hinaus deutlich, daß diese Sozietäten unter den Bedingungen des Bevölkerungsdruckes durchaus arteigene Formen der Reaktion aufweisen. Bereits im laufenden Text wurde versucht, über das Spezielle hinaus das Allgemeingültige an den beobachteten Erscheinungen (Remane 1960 spricht von „der allgemeinen Soziologie der Lebewesen") zu fixieren. Dieses Allgemeine, in den 10 Hauptsätzen niedergelegt, zeigt aber erst recht, daß alle kritischen Situationen Raum-bedingt sind und alle Maßnahmen in kritischer Situation letzten Endes Lösungen in bezug auf den Raum (in bezug auf die räumliche Verteilung der Individuen in der Sozietät) darstellen.

Aus Gründen der Übersicht sind daher diese 10 Hauptsätze zur Theorie des kritischen Raumes noch einmal im Zusammenhang gegeben:

1. Der kritische Raum ist das Areal, welches jedes Individuum einer Tierart als Minimum zur Verfügung haben muß, soll es existieren (s. S. 15).
2. Die kritische Situation ist der Zustand, der im gegebenen Areal durch Vermehrung der Individuenzahl zur Verletzung des kritischen Raumes führt (s. S. 15).
3. Die Regulierung der Bevölkerungsdichte bei solitär lebenden Tieren erfolgt auf Kosten des einzelnen Individuums (s. S. 17).
4. Die Möglichkeit, durch kritische Situationen bedingte Grenzen der Individuenzahl im gegebenen Areal doch zu überschreiten, die bei solitär lebenden Tierarten unübersteigbare Grenzen sind, definiert die Sozietät (s. S. 18).

5. Zum Merkmal jeder (tierischen) sozialen Spezies gehört eine bestimmte Anzahl von ihr überwindbarer kritischer Situationen. Die Sozietät endet, vermag sie auszureifen, in der Katastrophe (s. S. 24).

6. Organisation und (oder) technische Leistung sind die Mittel, kritische Situationen in der tierischen Sozietät zu überwinden (s. S. 31).

7. Die Sozietät lebt in einer doppelten räumlichen Begrenzung: den Gefahren des zu engen und denen des zu weiten Kontakts muß begegnet werden (s. S. 37).

8. Der „Rang" einer tierischen Sozietät ist nach der Anzahl der von ihr überwindbaren kritischen Situationen zu beurteilen (s. S. 49).

9. Verringerung der in der tierischen Sozietät zusammengeschlossenen Individuen macht ehemalige, durch überwundene kritische Situationen geschaffene Werte bedeutungslos (s. S. 56).

10. Ist zwar die Zahl der überwindbaren kritischen Situationen in der tierischen Sozietät artspezifisch, so sind aber die absoluten Längen der einzelnen einer sozialen Spezies gegebenen Seinsstufen durch die äußeren Lebensbedingungen der Sozietät bestimmt (s. S. 74).

II. Über die menschliche Sozietät im Zusammenhang des Themas

In den folgenden Abschnitten soll nach den Erfahrungen, die wir mit tierischen Sozietäten während des Bevölkerungszuwachses und im Zustand der Übervölkerung haben machen können, versucht werden, die menschliche Sozietät unter den gleichen Bedingungen (der Übervölkerung) zu betrachten und Gesetzmäßigkeiten – Abläufe also, die nicht der Willkür der Sozietätsgenossen unterworfen sind – aufzudecken. Solche Homologisierungen tierischen und menschlichen Verhaltens (und tierischer und menschlicher Sozietäten) sind nur zulässig, wenn überhaupt bestimmte Verhaltensweisen der Einzelindividuen hier und dort angeboren ererbte Entsprechungen aufweisen. Es ist eine alte Frage, ob dies der Fall ist, und sie wird auch heute noch gelegentlich gestellt, obwohl die Verhaltensforschung als biologische Wissenschaft in den letzten 40 Jahren eine Fülle von Beobachtungen, die für die prinzipielle Vergleichbarkeit sprechen, eingebracht hat. Denn sie hat uns zu erkennen gelehrt, daß auch im menschlichen Verhalten Elemente des „Instinktiven", d. h. des nicht durch die jeweilige Umwelt bestimmten, vielmehr eines angeborenen und ererbten, eines Umwelt-stabilen Gutes gegeben sind. (Wir verweisen unter vielen anderen Autoren und Publikationen zu dieser Frage auf Kramer 1950, Lorenz 1965 und Lorenz & Leyhausen 1969).

Im Folgenden nenne ich dieses und alles mechanisch Gegebene in der menschlichen Sozietät und die daraus abgeleiteten zivilisatorischen Folgeerscheinungen „Mechanik im Historischen"; sie ist dem kausalen Verständnis zuführbar und gibt, wenn wir nur die Kausalketten in ihren einzelnen Gliedern in der Hand haben, daher auch die Möglichkeit des gezielten, regulierenden Eingriffs.

1. Tierische und menschliche Sozietäten

Wie wir also anzunehmen berechtigt sind, sind auch die menschlichen Sozietäten in wiederkehrende, identische Kausalitäten, wie sie für tierische Sozietäten zu beobachten waren, – ich sage in „Mechanik im Historischen“ oder kurz in „historische Mechanik“ – eingebettet; sie sind ihr als Organisches in vielen Bereichen verhaftet. Die Bindung an diese Kausalitäten ist aber nur eine Seite ihrer Erscheinung. Denn die menschliche Sozietät ist darüber hinaus durch Situationen bestimmt, die ganz ihre eigenen sind und die ihre Ursache in der Handlungsfreiheit des Menschen (als einem Artmerkmal) und in der Nichtauswechselbarkeit des Einzelnen haben. Die Grenzen biologischer Wissenschaft sind hier gegeben. Vor der Gefahr der unbesonnenen Übertragung menschlicher auf tierische soziale Verhältnisse (und umgekehrt) sei besonders gewarnt.

Auch gleichbleibende Individuenzahl in der Sozietät bei gleichbleibendem Raum – eine Situation, die biologisch unkritisch ist – kann die menschliche Sozietät durch ihre Freiheit, so oder so zu handeln, in kritische Situationen führen; und die Überwindung dieser Situationen ist ihr ebenso, kraft ihrer sich bewußten Handlungsfreiheit, anheimgestellt. So sind kritische Situationen beim Menschen nicht immer ökonomisch zu lösen. Es gilt für die menschliche Sozietät auch nicht (s. S. 70), daß die Ungunst des Ortes die Lebensdauer einer Sozietät vorzeitig zu beschränken vermag; vielmehr liegt gerade „im Anreiz des disziplinierten Handelns in Freiheit“ oder der Möglichkeit eines Einvernehmens der Sozietätsgenossen untereinander, „die Anwartschaft auf größere Entfaltung der Sozietät im harten Raum“ (Toynbee 1949).

Die Erforschung dieser Beziehungen ist das Feld der historischen Wissenschaft, und hier „entgleitet das eigentlich Menschliche dem physikalisch-mathematischen Denken wie das Wasser dem Sieb“ (Ortega y Gasset 1943).

Indessen, es bleiben vier Überlegungen, die gerade in unserer Zeit eingehender behandelt werden müssen:

1. die Frage, in wie weit auch im Bereich des Biologischen Merkmale des Historischen vorhanden sind;

2. die Frage, in wie weit die durch Individuenzahl und jeweils gegebenem Raummaß bestimmten Kausalitäten als

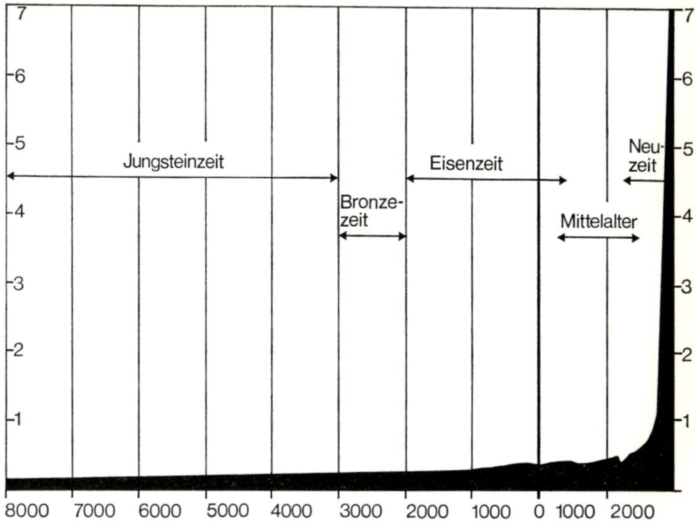

Abb. 42. Geschätztes Wachstum der Weltbevölkerung von 8000 v. Chr. bis 2000 nach Chr. (nach Ehrlich & Ehrlich 1970, aus Klausewitz 1970).

unabänderliche Sachzwänge auch am Verlauf menschlicher Sozietäten (Geschichte) teilhaben und sie beeinflussen;

3. die Frage, ob auch die menschliche Sozietät heute einer bestimmten kritischen Situation (auf Grund der stetig wachsenden Zahl der Sozietätsglieder; Abb. 42) entgegengeht und wie sie zu definieren wäre und

4. die Frage, in welchen Beziehungen die menschliche Sozietät zu den sie tragenden Ökosystemen steht.

2. Zum Begriff des Historischen

Seitdem das Historische als Phänomen den Menschen bewegt und Begriffsbestimmungen des Historischen versucht werden, beziehen sich diese ganz fraglos allein auf den Menschen und auf seine Geschichte im Rahmen sozialer Verbände, und sie zielen auf die Einzigartigkeit des Menschen unter allen Lebewesen, auf seine Individualität, seine Nichtauswechselbarkeit und auf die Einmaligkeit von geschichtlichem Ereignis am Ort und in der Zeit. Solche Definitionen des Historischen pflegen in vielen Fällen die nachzuweisende besondere Stellung des Menschen und seiner Sozietät vor dem Hintergrund tierischer Lebensabläufe aufzuzeigen und durch den Vergleich mit diesen den Menschen als einzig „Historisches Wesen“ abzuheben (Friedell 1927/31, Gehlen 1962, Glockner 1966, Lehmann 1958, Lipps 1941, Ortega y Gasset 1943, Plessner 1928, Rickert 1902, Rothacker 1950, Scheler 1966, Windelband 1892 u. 1894 u. a.).

In der Tat öffnet sich uns in vielen Fakten, welche die Ethologie in den letzten Jahren zutage gefördert hat und bei den Gegenüberstellungen der menschlichen zu der tierischen Existenz immer von neuem das Besondere des Menschen und seiner Sozietät. Solche Gegenüberstellungen – und darin liegt für den Biologen der Gewinn der Lektüre zum Begriff des Historischen – dienen dem Naturwissenschaftler für sein Verständnis der tierischen Sozietäten und den ihnen gesetzten Grenzen.

Allerdings sollte bei solchen Gegenüberstellungen nicht die menschliche Sozietät „dem Tier“ schlechthin konfrontiert werden: als ließen sich die Millionen der phylogenetisch, im Bau und in der Komplexität ihrer Organisation, in den Instinkten und im Sozialen so unterschiedlichen Tierarten zu einem einzigen Typus, „dem Tier“ gültig und in Hinblick auf einen solchen Vergleich subsummieren. Es sollte vielmehr – und damit würde das Ergebnis des Vergleiches im Sinne des Vergleichenden wirklich stichfest – nur Vergleichbares einander gegenübergestellt werden, nämlich die menschliche Sozietät jeweils den einzelnen, nach ihrem Aufbau und nach ihrem Entwicklungsgang untersuchten und damit bekannt gewordenen sozialen Tierarten und ihren Sozietäten, also Individuen-Verbände einer bestimmten Spezies.

Übrigens sind die meisten auf der Erde existierenden tierischen Sozietäten entweder als solche noch gar nicht erkannt oder in ihrer speziellen Dynamik noch nicht untersucht. Nur für ganz wenige soziale Tierspezies sind Gefüge und Ablauf ihrer Sozietäten einem Verständnis etwas näher gebracht.

Auch soll hier nicht davon die Rede sein, wo die Nahtstellen, d. h. wo die Übergänge vom Tierischen zum Menschlichen, und damit auch, phylogenetisch gesehen, der Wandel vom Vormenschlichen über das Urmenschliche zum Menschlichen zu legen wäre, also wann erstmals in einer Sozietät das auftrat, was wir im Sinne der gegebenen Definitionen „Geschichte" nennen müssen. Erschwerend für unsere Urteilsfindung ist es, daß mit zunehmender Kenntnis der tierischen Verhaltensweisen viele Merkmale des menschlichen Organismus und des menschlichen Verhaltens in der Sozietät nur quantitative Unterschiede innerhalb der ganzen Ordnung der Primaten darstellen (F. Ankel 1968/69). So sind – wie wir wissen – viele Wahlentscheidungen auch beim Menschen nicht frei, vielmehr erblich oder durch andere Einflüsse determiniert; und es sind viele einfache Willenshandlungen des Menschen wegen der prinzipiellen Übereinstimmung der physiologischen Hirnabläufe dieselben wie bei höheren Wirbeltieren. Sie sind nur komplizierter. Rensch (1959) zählt eine ganze Reihe von Verhaltensweisen bei hochentwickelten warmblütigen Tieren auf, die mit starker Wahrscheinlichkeit kompliziertere Vorstellungskomplexe nahelegen. Er nennt Beispiele, die auf einsichtiges Handeln (wie Werkzeuggebrauch), gefühlsbetonte Empfindungskomplexe (wie „Mut", „Angst", „Freude" als Vorstufe einer Ich-Vorstellung), aber auch auf ästhetisches Empfinden, Schmuckbedürfnis und Wertbegriffe schließen lassen.

Indessen ist immer wieder versucht worden, im weiten Übergangsfeld zwischen Tier und Mensch diese Grenze – das „Noch nicht" oder das „Schon" – nachzuweisen; betrifft doch diese Frage das eigentliche Arbeitsfeld des Paläanthropologen. Nach dem Gesagten – und darin zeigt sich das Dilemma beim Versuch, den Beginn der Menschheitsentwicklung und der Geschichtlichkeit der menschlichen Existenz zu fixieren – liegt das letzte Kriterium für den Menschen und seine Sozietät nicht in irgendeinem materiell Nachweisbaren und damit fossil Überlieferbaren des menschlichen Körpers, also nicht im aufrechten Gang, nicht in der Ausbildung einer Hand, nicht im Schädelinhalt; denn dies alles sind nur zusätzliche und nicht definierende Merkmale. Das eigentliche Kriterium liegt vielmehr darin, daß die vom Menschen gebildeten Sozietäten eine Geschichte haben. Wir wissen – um es zu wiederholen –, daß mit den Mitteln des Fossils und des Artefakts als den einzigen Merkmalen, die wir zur Verfügung haben, dieses Grund-Merkmal alles Menschlichen bisher nur im Analogieschluß anzugehen ist (worauf übrigens auch Rensch 1959 u. 1968 in aller Deutlichkeit hinwies). So erhält der Nachweis der Werkzeug-Herstellung (nicht des Werkzeuggebrauchs) als ersten Hinweis auf die Fähigkeit des Abstrahierens besondere Bedeutung.

Wenn also der Vergleich von menschlicher mit tierischer Sozietät das Nicht-Historische der tierischen Sozietät erst recht deutlich gemacht hat, so zeigen sich – betrachten wir nun die stammesgeschichtliche Entwicklung der Organismenwelt im ganzen – dort doch Merkmale des echt Historischen: Denn die stammesgeschichtliche Entwicklung der Organismen, wie sie uns heute seit dem Präkambrium als zu Arten zusammengeschlossenen Individuen-Verbänden in zeitlich geordneten Urkunden vorliegt, stellt uns vor eine Folge echter und in ihrer Reihenfolge nicht umkehrbarer Ereignisse: nämlich vor einmalige Vorgänge, die an ganz bestimmte Räume, Zeiten und Individualitäten (als dem Inbegriff von Eigenschaften und Merkmalen) gebunden sind und die in der Klärung ihrer Anlässe und der gerade so erfolgten Richtungen wichtigste Aufgabe der paläontologischen Wissenschaft sind. Hier wird nun ganz deutlich: angesichts der stammesgeschichtlichen Entwicklung der Organismenwelt stehen wir eben nicht vor „ein paar Refrains, welche die Natur nicht müde wird zu repetieren", wie dies Friedell (1927/31) in Hinblick auf alle Lebensäußerungen beim Tier und in der Tierwelt ausgedrückt hat. Mit einer solchen Betrachtungsweise schnitten wir uns von vornherein Fragestellungen ab, die allein durch ihre Existenz schon so fruchtbar geworden sind.

Fassen wir zusammen:

a) Auf der Ebene des tierischen Individuums und der tierischen Sozietäten sind – da wir es hier mit „beständigen Verhältnissen und beständigem Verhalten" zu tun haben – keine Merkmale des echt Historischen zu finden. Denn die Tier-Sozietät erzeugt in gesetzlicher Weise mit jedem neuen Ablauf einer sich bildenden Sozietät die gleichen Formen und die gleichen Funktionen. Sie ist Geschehnis, aber endliches Geschehen und in seinen Stadien abzählbar. Ihre Zukunft ist vorauszusehen. Sie endet bei den Sozietäten der gleichen Art jedesmal in der gleichen Katastrophe ohne den Ausweg eines freien Entscheides; und sie ist schließlich in ihrem Individuellen nichts Einmaliges, sondern der Fall eines Allgemeinen. So sind die tierischen Sozietäten gleich Organismen (vgl. Remane 1939); sie sind Instinkt-gesichert und Umwelt-gebunden. Damit ergibt sich die Erkenntnis, daß für die bisher untersuchten tierischen Sozietäten von Gesetzmäßigem zu sprechen war. Denn es war die Rede von beständigen Verhältnissen und beständigem Verhalten, von „Regeln notwendigen Daseins" (Kant), die zeitlos sind. Die von uns beschriebene Gleichförmigkeit kennt keine Ausnahme; sie ist naturgesetzlich. Es fehlt diesen tierischen Sozietäten – um es zu wiederholen – somit das, was wir im menschlichen Bereich „Motiv" und „Geschichte" nennen.

b) Diese Merkmale des Historischen aber treten als Phylogenie im Rahmen von Tierarten-Folgen (wohl besser: kontinuierlichen Folgen von Tierformen, vgl. Peters 1970) sehr wohl auf, wobei die an der Folge beteiligte einzelne Art (als unverwechselbares „Ereignis" in der Zeit anzusehen) in ihrer Lebensdauer begrenzt ist.

Die nicht umkehrbare und an bestimmte Zeiten und an bestimmte Räume gebundene Organismen-Geschichte als Geschichte von einzelnen aufeinander folgenden Arten (Spezies im taxonomischen Sinne) und ihre Beziehungen zu stets verschiedenen und ebenfalls in der Zeit sich ändernden Ökosystemen, dem sie angehören, ist als echte Historie (in diesem Falle als „Erd- und Lebensgeschichte") nicht berechenbar und ist als eine Folge von Besonderheiten und als ein Nacheinander jeweils einmalig produzierter Gestalten naturwissenschaftlich nicht zu deduzieren oder auf die Zukunft hin vorauszusagen.

c) Darüber aber dürfen wir nicht vergessen, daß im organischen Bereich etwas fehlt, was in der Tat allein die menschliche Geschichte so deutlich bestimmt: Diese menschliche „Geschichte" beruht auf den summierten (menschlichen) Erfahrungen, die gewonnen sind auf eigene Rechnung und Gefahr; sie ist „die Überlieferung durch Autorität und darin eine Kontinuität durch erinnernden Bezug auf das Vergangene" (Jaspers 1949). So sind für die menschliche Sozietät über ihren Ablauf zwar Regeln, aber keine Gesetze zu geben, und die menschlichen Sozietäten sind – einbegriffen auch die Bilder und Motivationen des Despotischen einerseits und des dumpf Massenhaften andererseits (Le Bon 1895 u. Heiss 1961) – als Vereinigungen freier menschlicher Tätigkeit vor allem Studienobjekt der historischen Wissenschaft. Über die Frage nach einem „Fortschritt" in der menschlichen Geschichte, so oft als Triebkraft des Wandels und des Handelns angesehen, ist damit nichts ausgesagt[19]).

Unter dem Gesichtspunkt des Vergleichs von tierischen mit menschlichen Sozietäten spricht Rickert (1902) vom „relativ Historischen" in der Natur und dem „absolut Historischen" als dem „logischen Ideal", das allein in der menschlichen Sozietät verwirklicht sein könne. Wenn wir also trotzdem den Vergleich zwischen tierischen und menschlichen Sozietäten suchen, so liegt er – um zu wiederholen – gewiß nicht darin, daß tierische Formen des Sozialen, – deutlicher, daß die Tierstaaten irgendetwas mit den menschlichen in Aufbau und innerem Leben gemein hätten. Es sind nur, wie es Remane (1960) ausgedrückt hat, in der menschlichen Geschichte gewisse „Grunddispositionen" als „wirksame Mitspieler" am Werk, die an sozial lebenden Tierarten in Reinheit zu studieren sind. Diese „wirksamen Mitspieler" aber will ich „Mechanik im Historischen" oder deutlicher „wirkende Sachzwänge" im historischen Ablauf nennen und will diesem Gedanken wegen seiner, wie ich meine zentralen Bedeutung, den nächsten Abschnitt widmen.

---

[19]) Dem Geschichtlichen wohnt der Fortschrittsgedanke im Eigentlichen nicht inne; denn mit dem ständig sich produzierenden und in solcher Weise noch niemals abgelaufenen Geschehen muß kein „Fortschritt" in einer bestimmten Richtung oder gar mit einem bestimmten Ziel (vgl. „Orthogenese") verbunden sein. Denn Geschehen in der Welt ist ja auch und zuerst einmal Ereignis schlechthin, das in sich und im Geschichtsganzen seinen Stellenwert hat. Der Begriff des „Fortschritts" (franz. progrès) im Sinne einer Aufwärtsentwicklung und eines immer Besserwerdens der Lebensumstände (durch „Aufklärung") und als oft formulierte Forderung ist wohl ein Geschenk des 19. Jahrhunderts. Angeregt durch Spencer, aber vor allem durch Darwin, ganz sicherlich auch gefördert durch die das Bevölkerungswachstum begleitenden Bilder und Eindrücke, durch die in der Tat wachsende Technik und schließlich durch die damit notwendig sich entwickelnden sozialen Veränderungen hat sich „historischer Verlauf" und „Fortschritt" als entsprechendes Begriffspaar und schließlich als dasselbe im Bewußtsein des Publikums herausgebildet. Bestimmte Zeiten wurden solcherweise mit bestimmten Wertbegriffen verknüpft; die Gegenwart aber wurde zu einem bloßen und möglichst schnell zu überwindenden Durchgang in Hinblick auf ein zukünftiges technisches und im Sozialprodukt sichtbares und erlebbares Besseres. Vgl. auch Driesch 1930, Emge (1958), Schmidt 1969, Thyssen (1963).

3. Über die Sachzwänge

„Mechanik im Historischen" als wirkender Sachzwang im geschichtlichen Ablauf nannte ich die ständig gegenwärtigen Kausalitäten natürlicher, d. h. chemisch, physikalisch und biologisch bestimmter Gegebenheiten und Abläufe, denen auch die menschliche Sozietät bei aller Freiheit des Handelns und bei aller Fähigkeit, „Geschichte" zu machen, ausgesetzt ist.

„Mechanik im Historischen" wäre also alles außenbestimmte Geschehen in der menschlichen Geschichte, das Nicht-Freie und so dem menschlichen Willen durch Gesetze der Mechanik, des Maßes und der Zahl Nicht-Unterworfene, also das schlechthin (und auch durch die bloße Lebenstätigkeit des Menschen und seine vegetativen Äußerungen) Gegebene innerhalb eines geschichtlichen Ablaufes, das seine Eigengesetzlichkeit hat und dem der Mensch und die menschliche Sozietät, soweit wirksam, sich beugen müssen.

„Mechanik im Historischen" als Begriff hat nichts mit einem „historischen Gesetz" zu tun und meint nicht, wie Comte, „das Naturgesetz der Geschichte der menschlichen Gesellschaft" erkennen zu können; sie ist vielmehr nur d e r Teil der Historie, welcher als Produkt des Zusammenwirkens von Kausalgesetzen dem Druck des Biologischen und rein Mechanischen unterworfen ist (und somit auch der Kausalforschung offen steht).

„Mechanik im Historischen" befaßt sich mit den im Rahmen menschlicher Sozietäten wirksamen „allgemeinen" (und naturwissenschaftlich zu interpretierenden) Begriffen, und sie steht als absolut Allgemeines dem absolut Individuellen, wie es sich im menschlichen Zusammenleben als Sprache, Wille, Phantasie und Moral äußert, in der e i n e n Geschichte gegenüber. Beide, in ihrer Weise „Weltursachen" (Kant), durchsetzen einander tausendfältig; sie müssen aber für jeden Fall im einzelnen analysiert werden, ehe diese e i n e Geschichte transparent werden kann.

„Mechanik im Historischen" ist das, was zu allen Zeiten und auf Grund allgemeiner Gesetze gilt, was daher auch in Zukunft gelten wird. Futurologie als selbstkritische Wissenschaft wird sich daher vor allem mit den einzelnen Parametern dieser Mechanik und den durch sie aufgebauten Beziehungssystemen befassen, meidet dagegen alles rein Historische, das in futurologischer Absicht schnell im bloß Utopischen sich verstrickt. Denn Vorhersage kann – wenn sie auf zukünftige reale Geschehnisse abzielt – nur als Folgerung aus der Kenntnis kausaler Gesetze erwachsen.

„Mechanik im Historischen“ äußert sich also in ganz bestimmten und immer vorhandenen (weil aus Bau, Funktion und Verhalten notwendigen) Verrichtungen. Diese betreffen als Parameter historischer Mechanik fünf Bereiche:

1. Biologischer Bau- und Betriebsstoffwechsel sind einzeln und gemeinsam notwendige Voraussetzung der Existenz des Organischen überhaupt, seiner Sozietäten und damit auch des Menschen als biologischem Wesen und seiner Sozietät.

2. und 3. Ortsbewegung und Wohnen, beides notwendige und immer vorhandene Verrichtungen in der gegenwärtigen menschlichen Sozietät, zeigen in ihrer Wirkung und Absicht entgegengesetzte Tendenz, indem in letzter Konsequenz das Bedürfnis nach dem Verweilen zum Voll-Sessilen (Leben am Ort, Seßhaftigkeit) und das Bedürfnis nach Ortsbewegung zum Voll-Vagilen (Leben im Ortswechsel, Nomadentum) hinführt.

4. Ursprünglichste Form der Energie-Gewinnung für die menschliche Sozietät ist die rein biologische; als ursprünglich einzig vorhandene kommt sie aus dem der Sozietät angehörenden Einzelindividuum, das in bestimmter Weise über das Eigenbedürfnis hinaus (oft als Sklave) tätig ist, der Sozietät zugute. Alle auch bei Tieren beobachteten, der Allgemeinheit dienenden Leistungen entstammten ursprünglich dieser einen Quelle, ob es sich um die Erstellung von Bauten für die Gemeinschaft, um Maßnahmen der Vorratswirtschaft, um Fortbewegungsformen der Sozietät im ganzen oder um andere Leistungen handelt. Sie sind bei Tieren echte (im Verhalten festgelegte) Dienstleistungen von einzelnen Sozietätsträgern, die, wie auf Seite 39 ff. gesagt, in vielen Fällen als „Spezialisten“ besondere gestaltliche oder im Verhalten verankerte Merkmale aufweisen.

In der menschlichen Sozietät hat die Energiegewinnung durch die Leistungen technischer Vorrichtungen (Maschinen), welche in der Natur vorliegende Energien für den Menschen und seine Sozietät aufzuschließen vermögen, in der Gegenwart eine ungeheure Bedeutung erlangt und übertrifft die rein biologische, durch Muskelleistung hervorgebrachte gegenwärtig bei weitem.

5. Die Produktion von Gegenständen und Substanzen ist auch bei Tieren zu finden; sie spielt vor allem bei vagilen Sozietäten eine Rolle. Der Sachproduktion hat sich der Mensch als Kulturwesen ab initio, wie dies uns die Prähistorie gelehrt hat, gewidmet. Ein Großteil seiner Energieproduktion dient der Herstellung und Bearbeitung von Sachen und Substanzen. Der Umgang mit Energien, Sachen und Substanzen, einander bedingend und einander steigernd, kennzeichnet in seiner ungeheuren Vielfalt und Qualität die menschliche Sozietät in der Gegenwart.

Die Existenz dieser fünf Parameter als den in der menschlichen Sozietät wirksamen Bereichen, die unter Sachzwang stehen, macht es erst möglich, tierische und menschliche Sozietäten in Parallele zu setzen und am Beispiel der experimentell (d. h. unter künstlich gesetzten Bedingungen) zu prüfenden tierischen Sozietät gewisse wirkende Konstanten für die menschliche Sozietät sichtbar zu machen.

Wie wir oben gehört haben, liegt in der jeweils „richtigen", d. h. Individuenzahl-bezogenen, (man könnte auch sagen: Raum-bezogenen) Relation dieser einzelnen Werte zueinander die technische Verläßlichkeit in der Sozietät. Erst Relationsverschiebungen – in der tierischen Sozietät immer und in der menschlichen Sozietät sehr häufig durch Bevölkerungszunahme im gegebenen Raum bedingt – führen zu kritischen Situationen.

4. Über den hygienischen Raum in der menschlichen Sozietät.

Fragen wir nun etwas genauer danach, in welcher Weise die genannten Vorgänge und Verrichtungen als „Mechanik im Historischen“ einzeln oder gemeinsam durch die in unserer Zeit fast plötzliche Vermehrung der Spezies Homo sapiens ihr Vorzeichen zu ändern und kritische Bedeutung zu erlangen vermögen. Die Diskussion darüber ist seit einigen Jahren (zwar unter anderem Vokabular und auch unter anderen Ordnungsvorstellungen als den unseren, aber letzten Endes mit gleichem Sinn und aus gleicher Sorge heraus) weltweit entbrannt, und es werden an vielen Orten Überlegungen darüber angestellt, wie und durch welche Maßnahmen im einzelnen auf solche deutlich merkbaren Kräfteverschiebungen im Gefüge dieser Mechanik zu reagieren wäre.

Hier rückt also – und dies bitte ich zu entschuldigen – meine Darstellung aus dem Registrieren von Phänomenen und dem Aufzeigen von registrierbaren Zusammenhängen heraus und erlaubt sich, weil in ureigener Sache sprechend, „Maß zu regeln“. Betreffen doch – und dies haben uns die Studien an tierischen Sozietäten und ihrem zeitlichen Verlauf zur Genüge gelehrt – diese durch die explosive Bevölkerungszunahme (Abb. 42) hervorgerufenen Verschiebungen im Kräftefeld unserer eigenen Sozietät jeden einzelnen von uns und macht damit die Notwendigkeit der Prognose und der Planung (nicht aber der Utopie) dringend erforderlich. In diesem Zusammenhang wird es wohl nicht notwendig sein, eine größere Übersicht über das heute vorhandene Schrifttum zur Frage des Bevölkerungszuwachses und seiner Auswirkungen in der menschlichen Sozietät zu geben. Ich nenne aber: Commoner 1969, Ehrlich 1968, Ehrlich & Ehrlich 1970, Jacobi 1969, Klausewitz & Schäfer & Tobias 1971, Mitscherlich 1970, Nachtsheim 1967, 1969, 1970 a und b, 1971, Picht 1969, Sedlmayr 1970.

Aus Gründen der Ökonomie des Kräfteeinsatzes und der Wirksamkeit der zu treffenden Maßnahmen sollte so bald wie möglich eine Ordnung nach der Dringlichkeit praktischer Maßnahmen deutlich werden; wobei diese Ordnung nach der Dringlichkeit das Verständnis für das augenblickliche Kräftegefüge der fünf Parameter im ganzen voraussetzt. Dies heißt: Es gilt, im Gefüge der Sachzwänge die im Augenblick „kritische Situation“ für die menschliche Sozietät (Erdbevölkerung) zu finden. Diese kritische Situation (die auf Grund der explosiven Zunahme der Erdbevölkerung sich nach dem Gesagten über kurz einstellen m u ß [20])) mag

eine Frage der Menge der zur Verfügung stehenden Rohstoffe sein, sie mag

im rein Räumlichen liegen, sie mag

hygienischer Natur sein, sie wird möglicherweise

durch die vorhandenen (und nicht beliebig zu steigernden) Nahrungsstoffe bestimmt; sie betrifft vielleicht

die Energiegewinnung für die Sozietät oder sie liegt

in der psychischen Belastbarkeit, dem Streß, der aus dem Gegensatz: Rationalität – Emotionalität; Kleingruppe – Massengesellschaft oder aus dem Gegensatz der Generationen als Faktum sich entwickelt.

Vorliegende Abhandlung kann und will die Beantwortung dieser Frage nicht leisten. Dazu gehörte der Rückgriff auf ein vollständiges statistisches Zahlenmaterial über den augenblicklichen und zukünftigen Mengen- und Kräftehaushalt, der jedem einzelnen der aufgeführten Parameter zugrunde liegt. An der Sammlung von Daten und an der Analyse solcher Beziehungskomplexe wird heute erst begonnen zu arbeiten.

Hier sollen vielmehr einige Überlegungen zu bestimmten Fragen des

hygienischen Raumes

in der menschlichen Sozietät angestellt werden, – dies, ehe also noch gesagt werden kann, ob in der menschlichen Sozietät und unter der Voraussetzung derzeitiger Bevölkerungszunahmeraten als im Augenblick kritisch dieser hygienische Raum anzusehen ist:

Mit „Hygiene" – so die Definition auf S. 20 – benennen wir Methoden der Behandlung von schädigenden Stoffen, Abfallstoffen und Endprodukten, die durch die Lebensprozesse in einer Sozietät anfallen und die, verbleiben sie in der Sozietät, lebensfeindliche Bedeutung erlangen.

Hier zeigt sich nun, überblicken wir die oben aufgeführten 5 Parameter der Mechanik im Historischen (kurz historischen Mechanik),

---

[20]) Erdbevölkerung heute = ca. 3,5 Milliarden; Erdbevölkerung im Jahre 2000 = ca. 7,4 Milliarden. Die Erdbevölkerung nimmt z. Z. zu: In der Minute = 120; in der Stunde = 7200; in einem Tag = 172800; in einem Jahr = 63072000 Menschen (vgl. auch Klausewitz 1970, Voppel 1969).

wie jede einzelne Konstante in Hinblick auf ihre Wirksamkeit in der Sozietät ihre Positiv- und ihre Negativseite, ihren Pluseffekt und ihren Minuseffekt[21]) hat (Schäfer 1971), und

wie also jede Verrichtung, jeder Materialverbrauch und überhaupt jede mechanische, chemische oder biologische Umsetzung im Dienste der Sozietät freiwerdende Energien und freigesetzte Produkte niederer Stufen im Gefolge haben,

wie diese Verrichtungen in der Sozietät einem Bedeutungswandel unterworfen sind, – kurz,

wie jedes konstruktive Element in der Sozietät a priori seine destruktive Rückseite für die Sozietät hat, die insbesondere bei Zunahme der Bevölkerung als begleitender Minuseffekt den beabsichtigten Pluseffekt schließlich zu übertreffen beginnt. Der Umgang mit solchen Minuseffekten, d. h. mit solchen ständig anfallenden Stufen destruktiver Prozesse in der Sozietät, Müller (1970) sagt, „mit der Dialektik technisch-ökonomischen Fortschritts", nennen wir Momente der Sozialhygiene (vgl. dazu Gärtner & Reploh 1964). Beherrscht die Sozietät den Umgang mit den Methoden eines hygienischen Ablaufs der Lebens- und Produktionsprozesse nicht oder bei Bevölkerungszunahme nicht zur rechten Zeit, so ist der Augenblick des Übergreifens der destruktiven über die konstruktiven Momente vorauszusehen. Wir sprechen vom „hygienischen Raum", der in solchem Fall für diese Sozietät zum kritischen wird. Diese kritische Situation ist, wie wir sehen, an die Hypertrophierung bestimmter Parameter historischer Mechanik gebunden, die (für die Gegenwart) ihrerseits auf dem Wandel der menschlichen Sozietät zu einer Industriekultur mit hohen Bevölkerungszahlen beruht. Wo Energie- und Sachproduktion sowie die Mittel zur Ortsbewegung noch unterentwickelt sind, vermag der hygienische Raum nicht der kritische zu sein.

Betrachten wir aber die Anlässe zur Summierung freigesetzter, aus Lebensabläufen in der Sozietät stammender Produkte (oder Energien) mit lebensfeindlicher Bedeutung in der Sozietät etwas genauer. Wir werden sehen, daß in der Tat in allen Fällen sehr bald von Relationen zwischen Zahl, Raum und Zeit als Exponenten eines hygienischen Raumes die Rede sein muß,

---

[21]) Effekt = Wirkung, Erfolg aus lat. effectus; später Eindruck (Künstlersprache). Effektivität = Greifbarkeit, Wirklichkeit, Tatsächlichkeit; lat. effectivus = schaffend, ausübend (vgl. Ahlheim 1966, Schulz & Basler 1913).

Tabelle siehe folgende Seiten ▶

Tabelle 2: Welt-Industriekultur: 5 Parameter „historischer Mechanik" (senkrechte Spalte, links). Die Tabelle zeigt in der Spalte 2 die (beabsichtigten) Plus-Effekte, in der Spalte 3 die begleitenden (nicht beabsichtigten) Minus-Effekte und in der Spalte 4 die Wirkung der Minus-Effekte auf die die Sozietät tragenden Ökosysteme. Vergleiche die Belastung der Ökosysteme in Tabelle 3 (für die Jäger- und Sammlerkultur) und in Tabelle 4 (für die Ackerbau- und Viehzuchtkultur).

---

und daß hier echte Merkmale des Katastrophalen (siehe S. 20)[22]), das immer in Verschiebungen innerhalb gewisser raum-zeitlicher Maße liegt, zu diskutieren sind. Die einzelnen, hier zu nennenden Exponenten betreffen Fragen der „speziellen Sozialhygiene" und sind in der Gegenwart in vielfältiger Weise diskutiert worden. Es liegt, obwohl mit der Bestandsaufnahme erst begonnen, ein – allerdings ungeordnetes – kaum überschaubares Zahlenmaterial vor. Hier mündet die Untersuchung unmittelbar in Fragen der Raumordnung, der Lebensraumpflege und des Natur- und Landschaftsschutzes, und es wird uns deutlich, daß Maßnahmen des Natur- und Landschaftsschutzes im eigentlichen sozialhygienische Maßnahmen sind.

In der hier gegebenen Tabelle (Tab. 2) ist versucht, die 5 Grundverrichtungen in der menschlichen Sozietät als Parameter historischer Mechanik in ihren Plus- und in ihren Minuseffekten für eine Sozietät im Stadium der Welt-Industriekultur von links nach rechts zu verfolgen und die Wirkung der Minuseffekte auf die die Sozietät tragenden Ökosysteme aufzuzeigen[23]). Die Tabelle ist die Darstellung eines in sich geschlossenen Kreisablaufs, d. h. ihre Spalte 4 schließt wiederum an

---

[22]) Katastrophe vergleiche [10]) und Crowe (1970, vergleiche auch Hardin, 1970), der in solchem Zusammenhang „vom erbarmungslosen Wirken der Dinge" als Merkmal einer „ausgewachsenen Tragödie" spricht. – Tragödie = Trauerspiel, eine der Hauptgattungen des Dramas. Tragik (Situationstragik) = aus schicksalhafter und unausweichlicher Verkettung unverdient erwachsendes Leid und Verderben bringender Untergang.

[23]) Man weist von soziologischer Seite häufig darauf hin, daß nicht (wie wir es jetzt tun) vom „Menschen" schlechthin gesprochen werden könne, denn Mensch sei nicht Mensch. Es gäbe vielmehr auf der Erde viele Ausprägungen des Menschseins, es gäbe viele Formen menschlicher Kultur nebeneinander und nacheinander, wie die Anthropologie seit langem erwiesen habe.

Dies galt zweifellos für vergangene Zeiten, und in der Tat haben uns Ethnographie und Kulturmorphologie eine Vielfalt von „Kulturkreisen" (Fro-

1. Lebensnotwendige Vorgänge und Verrichtungen in der menschlichen Sozietät = Parameter historischer Mechanik	2. Plus-Effekte durch Einsatz technischer Mittel
Bau- und Betriebsstoffwechsel des Menschen als biologischem Wesen und technische Maßnahmen dafür	Aufrechterhaltung der Lebensprozesse; höhere Lebenserwartung; Bevölkerungszunahme. Erzeugen und Behandeln von Nahrungsmitteln durch Einsatz chemischer Mittel und Maschinen.
Ortsbewegung von Menschen und Materialien	Ortsbewegung unter Einsatz von Maschinen, meist Verbrennungsmaschinen zu Lande, auf dem Wasser, in der Luft: schnelle Überwindung des Raumes, große Mengen von transportierten Gütern und Individuen.
Wohnen, Errichtung von Behausungen, überhaupt von Gebäuden	Lebens- und Arbeitsablauf in geschlossenen Räumen und damit unabhängig von Tages- und Nachtzeiten, von Wetter und Klima. Viele Möglichkeiten der Komfort-Steigerung. Schutz von Personen und Sachen.
Energiegewinnung	Verbrennungsmaschinen, Wasser- und Windmaschinen, Elektrizität, Kernreaktoren: Einsatz von Energie zur Nahrungsmittelerzeugung und Gewinnung von Rohstoffen, für Güter- und Menschentransport, zur Errichtung von Bauten, für chemische Industrie und überhaupt zur Sachproduktion.
Sachproduktion durch Industrie und Gewerbe	Zweckdienlich gestaltete Gegenstände und Substanzen für alle Lebensfunktionen. Steigerung im Komfort und in geistigen und künstlerischen, an Gegenstände gebundenen Äußerungen.

3. Minus-Effekte als Begleiterscheinungen der Plus-Effekte	4. Wirkung der Minus-Effekte auf die die Sozietät tragenden Ökosysteme
Organogene Produkte des Abbaues. Anreicherung von Insekticiden, Pesticiden, Herbiciden; Bevölkerungsinflation.	Belastung von Luft und Wasser (Eutrophierung, Anaerobie). Toxische Belastung aller Flächen zur Nahrungsmittelerzeugung, der Nahrungsmittel selbst und der Organismen des Ökosystems.
Feste, flüssige und gasförmige Produkte aus Verbrennungsmaschinen; Beanspruchung von Flächen für rollenden und ruhenden Verkehr. Nebenwirkung der Bauindustrie. Unfallgefährdung.	Transportwege zerschneiden ökologisch Zusammengehöriges. Toxische Belastung der an Transportwege angrenzenden Ökosysteme und der Luft; Grundwasserspiegel-Absenkungen durch Regulierung von Wasserwegen.
Verbrauch von Flächen zur Bebauung, für Steinbruchbetriebe, für Kies- und Sandgewinnung. Nebenwirkungen der Bauindustrie. Fester Müll aus Haushalt und Industrie, Abgase (Heizung), Abwasser (Detergenzien). Hohe Vermehrungsraten.	Veränderung der Landschaftsformen und ihrer Gewässer, Veränderung der Groß- und der Kleinklimate durch Entgrünung, Mülldepots, Bauschutt, Grundwasserspiegel-Änderungen, Ruderalisierung. Toxische Belastung der Gewässer und Böden.
Feste, flüssige und gasförmige Nebenprodukte, Kernspaltungsprodukte, Aufheizung aller Art, Flächenverbrauch, Industriemüll, Rohstoffverbrauch.	Großräumige toxische Belastung der Biozönosen des Landes, der Süßwässer und der Meere, Veränderung der Groß- und der Kleinklimate durch Abgase und durch Entgrünung, durch bebaute Flächen und Ruderalisierung. Durch Flußwasseraufheizung Vernichtung der betroffenen Biozönosen. Schlacken und Atommüll.
Nebenprodukte bei der Fertigung. Abgang verbrauchter Sachen: Müll verschiedener Konsistenz, Form und chemischen Aufbaues, Flächenverbrauch, Rohstoffverbrauch.	Großräumige toxische Belastung der Biozönosen des Landes, der Süßwässer und der Meere. Klima-Belastung durch Bebauung, Mülldepots, Abgase und Ruderalisierung der Flächen.

die Spalte 1 an: Die durch Minuseffekte belasteten Ökosysteme sind die Basis für die in der Spalte 1 aufgeführten lebensnotwendigen Verrichtungen in der Sozietät.

Es wird beim Studium der Tabelle schon im ersten Hinsehen augenscheinlich, daß sich der hier unter den Bedingungen der Gegenwart dargestellte Kreisprozeß nicht im Kräftegleichgewicht befindet, daß vielmehr die gegebene Modell-Sozietät von einer Substanz zehrt, den Ökosystemen[24]) nämlich, welche durch die ihnen aufgelegten Minuseffekte einer ständigen Überbelastung durch Abfallstoffe ausgesetzt sind. Wir sprechen von einer „hygienischen" Belastung.

Verfolgen wir aber die Zusammenhänge etwas genauer: Diese Überbelastung nimmt, wie unsere Tabelle 2 zeigt, ihren Ausgang von der Größe der durch technische Mittel erreichten Pluseffekte. Die Größe der Pluseffekte aber ist, da keine räumliche Ausweitung des der Sozietät gegebenen Areals (Erdoberfläche) möglich ist, nicht beliebig festzulegen, sie ist vielmehr letzten Endes Ausdruck der Zahl der an der Sozietät beteiligten Individuen: die notwendig zu erzeugenden Pluseffekte befinden sich im Schlepptau der zunehmenden Bevölkerungszahl. Wir können also in Hinblick auf den jeweils erforderlichen Aufwand technischer Maßnahmen schließen:

Vergrößert sich bei gleichbleibendem Areal (Erdoberfläche) die Zahl der an der Sozietät beteiligten Individuen, so muß der technische Aufwand, sie zu erhalten, auch vergrößert werden.

Bleibt im gleichen Areal die Zahl der an der Sozietät beteiligten Individuen über lange Zeit gleich, so kann der technische Aufwand, sie zu erhalten, gleichbleiben.

Sinkt im gleichen Areal die Zahl der an der Sozietät beteiligten Individuen, so kann auch der technische Aufwand, sie zu

---

benius, vgl. aber auch die Publikationen von Breysig, Spengler, Spenzer und Toynbee), viele Formen menschlicher Gemeinschaften, menschlicher Beziehungen, menschlicher Wirkungen aufeinander und auf die Umwelt gezeigt. Dies alles aber beginnt heute in der globalen Industriegesellschaft uniform zu werden: In den Formen des Gemeinschaftslebens, im technischen und auch im künstlerischen Ausdruck und in den Einflüssen auf die Natur (und erst recht in der direkten Wirkung auf die Ökosysteme) ist Mensch heute Mensch, wie er dies übrigens gerade in Hinblick auf seine Wirkung auf die Ökosysteme immer gewesen ist (vgl. auch Tabelle 3 und Tabelle 4).

---

[24]) Vgl. Fußnote Seite 10 (Ökosystem).

erhalten, verringert werden. Auch die den Pluseffekten zwangsläufig zugeordneten Minuseffekte werden sich im gleichen Maß verringern.

Diese historisch-mechanischen Gegebenheiten, die im Falle der Bevölkerungszunahme schließlich kritische Tendenzen zeigen, werden in der menschlichen Sozietät durch echt menschliche Phänomene, nämlich durch Einsicht in die Zusammenhänge und durch gezielte Willensäußerungen, die alle ethischen Anstöße einschließen, überlagert. Sie allein sind, wenn nicht überhaupt die Bevölkerungszunahme[25]) als eigentliche Grundursache (primäre Ursache) kritischer Situation abgebremst wird, die einzige Chance des Überlebens der Menschheit auf Zeit. Mit anderen Worten: In dieser Situation kann nur der „menschliche“ Anteil des Menschen (der an Einsicht, Disziplin und Wille gebundene Anteil, das echt „Historische“ im Menschen und in der menschlichen Sozietät) Abhilfe schaffen.

Solche menschlichen Willensäußerungen und Eingriffe (abgesehen von Maßnahmen zur Abbremsung der Bevölkerungsexplosion, wie Geburtenregelung, welche an die Wurzel, an die primäre Ursache geht, vgl. auch Hardin 1969) vermögen im Falle der ständig zunehmenden Individuenzahl an zwei Punkten anzusetzen:

einmal im Bereich der Pluseffekte (d. h. auf Seite der sekundären Ursachen) und zum anderen im Bereich der Minuseffekte (d. h. auf der Seite der Wirkungen).

Hier soll nicht davon die Rede sein, in welcher Weise die Pluseffekte Raum- und Zeit-sparend zu steuern und wie sie durch Organisation und technische Leistung oder gar durch freiwilligen Abbau zu begrenzen wären. In diesem Zusammenhang müßte auch über die Phänomene des Komforts[26]) und

---

[25]) Vgl. Fußnote Seite 91 (Erdbevölkerung).

[26]) Komfort = „behagliche Einrichtung“, „Behaglichkeit“, aus dem Englischen im Anfang des 19. Jahrhunderts als Kennwort englischer Lebensführung (nach Schulz & Basler 1913). Wir sagen: Komfort ist alles das an technischem, der Lebensführung dienendem Aufwand für das Individuum und für die Sozietät, was über das notwendige Maß hinausgeht. Über dieses „notwendige Maß“ des Aufwandes bestanden zu allen Zeiten und unter allen politischen und religiösen Bedingungen verschiedene Vorstellungen, auch dann, wenn dieses notwendige Maß geistige und ästhetische Bedürfnisse mit einschließt. Für den Asket ist das „notwendige Maß“ des Aufwandes auf ein Minimum beschränkt.

über die Askese[27]) in der menschlichen Sozietät gesprochen werden, die zu allen Zeiten Denker (Platon – Marcuse) beschäftigt haben und die in der Tat den Menschen und seine Antriebe und Ziele in besonderer Weise kennzeichnen.

Untersuchen wir vielmehr die Wirkung der Minuseffekte in der menschlichen Sozietät auf die die menschliche Sozietät tragenden Ökosysteme als einem echten Phänomen des hygienischen Raumes.

---

[27]) Askese = (griechisch) Übung. Nach Meyer (1896) die enthaltsame, mäßige Lebensweise der griechischen Athleten zur Aneignung und Erhaltung der körperlichen Kraft und Gewandtheit während der Vorbereitung auf die Kampfspiele. Auch auf das sittliche Gebiet übertragen: hier das zur Erlangung höherer Vollkommenheit auf Entsinnlichung gerichtetes Handeln; freiwillige Enthaltung von sinnlichen Genüssen. Im weiteren Sinne alles Handeln, welches die Erwerbung sittlicher Festigkeit zum Zweck hat.

5. Menschliche Sozietät und Ökosystem

In den ersten Kapiteln dieser Abhandlung versuchte ich nachzuweisen, daß die tierische Sozietät – gleich einem Organismus – einen Funktionsverband darstellt. Denn wir beobachten an ihr ein nach phylogenetischen Gesetzmäßigkeiten entstandenes, konstruktionsbedingtes Funktionieren von Einzelteilen (Einzelindividuen), die in Hinblick auf einen Gesamteffekt aufeinander bezogen sind.

Wie der Einzelorganismus ist ein solcher sozialer Verband in eine bestimmte Umwelt gebettet und ist in Aktion und Reaktion auf diese Umwelt bezogen. Mit anderen Worten: Die tierische Sozietät ist integriertes Teilstück eines Ökosystems[28]); sie hat in diesem Ökosystem neben vielen anderen Organismen und Organismen-Gruppen einen ganz bestimmten Stellenwert, indem sie als Produzent, als Konsument oder im Abbau von Substanzen (als Destruent) an einem oder an mehreren Plätzen in der Biozönose steht und auf solche Weise den Charakter ihres Ökosystems mitbestimmt. Veränderungen und überhaupt Vorgänge im biotischen oder abiotischen Kräfte- und Materialhaushalt des Ökosystems wirken, wie dies auch für den Einzelorganismus gilt, auf die darin eingebettete tierische Sozietät und verlangen von ihr bestimmte Antworten. Können die geforderten Antworten nicht (oder nicht zur rechten Zeit) gegeben werden, wird die Sozietät, geradeso wie dies für den Einzelorganismus gilt, in ihrem Bestand dezimiert oder gar ausgelöscht.

Anders im Falle der menschlichen Sozietät. Denn von Anbeginn an zeigt sich der Mensch als „Kulturwesen"; dies soll heißen, daß er sich als Sozietät und durch den von ihm geschaffenen und ausschließlich ihm dienenden Energiehaushalt von der Bindung an das Kräftefeld des tragenden Ökosystems emanzipiert hat. Denn sein Handeln als Kulturwesen gegenüber dem tragenden Ökosystem ist von Anbeginn ein reflektierendes. Er lebt von der künstlichen Veränderung der im Ökosystem gegebenen Daten und Materialien. Er vermag auf solche Weise die unbelebte und die belebte Umwelt in seinem Sinne zu gestalten; er nimmt nicht nur aus dem Ökosystem, er verändert es durch Zutaten auf Dauer; er überspringt Öko-

---

[28]) Vgl. Fußnote Seite 10 (Ökosystem).

grenzen nach Belieben und setzt (immer mit den Mitteln der Organisation und der technischen Leistung) neue Grenzen.

Diese ökologisch gesetzten Grenzen vermag der Mensch, welcher in seinen Frühformen gewiß noch weitgehend Teil eines bestimmten Ökosystems war, heute so nachhaltig zu sprengen,

weil er über summierte Erfahrungen und über eine Überlieferungsbildung (Tradition, Lernen) verfügt,

weil er trotz des Unterworfenseins unter Kausalgesetzlichkeiten Kausalitäten erkennt und seinerseits anwendet,

weil er in abstrahierenden Begriffen denkt,

weil seinen Denkprozessen Wortvorstellungen entsprechen und Sprache, Bild, Formel und Computer die Kommunikation und die Stapelung von Erfahrung möglich machen, – mit einem Wort,

weil er „Geschichte" hat.

Dies alles also umgreifen wir, wenn wir sagen, der Mensch als einzelner und in der Sozietät habe sich „von der Natur befreit". Allerdings meine ich, diese Aussage wäre zu allgemein, zu unverbindlich ausgedrückt und verschleiere etwas die Zusammenhänge: Denn die Befreiung von der Natur ist – wie wir jetzt genauer zu sehen beginnen – eine Befreiung aus den Fesseln eines bestimmten Ökosystems, dem jeder andere Organismus und jede andere Sozietät zeitlebens durch ein ganz bestimmtes Geben und Nehmen verbunden sind.

Man hat sich daran gewöhnt, die Weltoffenheit und die Nichtgebundenheit des Menschen (vgl. Plessner 1950), also diese Befreiung von der Natur, diese damit verbundene Eroberung und Knechtung der Ökosysteme nur vom Menschen her zu sehen, als seine bewunderungswürdige Leistung, als sein fragloses Recht, als humangeschichtliches Faktum, als einfache Voraussetzung für Vorgänge von größerem Interesse. Ich meine, wir sollten dieses Faktum zu unserem eigenen Heil heute anders sehen, denn diese „Befreiung" ist, wie wir beginnen zu erkennen, in ihren Konsequenzen und praktischen Auswirkungen ein irreversibler erdgeschichtlicher Prozeß, dem wir zudem als die eigentlichen Akteure beiwohnen. Mit dieser Konsequenz aber leitet sich zugleich das Maß der Verantwortung ab, dem sich die Menschheit unterzieht.

Zwar nimmt auch die menschliche Sozietät aus dem Ökosystem, und sie gibt auch immer noch Substanzen in den Kreislauf des tragenden Ökosystems zurück, wie dies jede andere (tierische) Sozietät und jeder andere Organismus tun. Aber mit zunehmender Vergrößerung der Individuenzahl und mit der Ausweitung des sozialen Energiehaushaltes verschieben sich die Leistungen zusehends. Denn er beginnt sehr bald mehr zu nehmen als er in das Ökosystem zurückgibt, und was er gibt, ist als Minuseffekt seiner Pluseffekte Öko-Fremdes und es schädigt solcher Weise dieses Ökosystem. Er greift in Fließgleichgewichte ein; er lebt im wahrsten Wortsinn auf Kosten des Ökosystems.

In diesem Zusammenhang wird die von dem französischen Anthropologen Varagnac (zitiert nach A. Gehlen 1961) gegebene Großgliederung der menschlichen Geschichte für uns von besonderem Interesse. Varagnac hat deutlich gemacht, wie die Menschheit im Rahmen ihrer Kulturentwicklung drei große Stufen, sog. Menschheitsepochen, durchlaufen hat: In der 1. Stufe wendet sich der Mensch dem T i e r zu (Jäger und Sammler). In der 2. Stufe gründet er seine Existenz auf die P f l a n z e n w e l t, die ihn zum seßhaften Bauern und Hirten macht. In der 3. Stufe wendet sich der Mensch der u n b e l e b t e n N a t u r zu und beherrscht sie (durch die konsequente Anwendung von Maß und Zahl auf ihre Phänomene als „Technik") nun im ganzen.

Mit dieser Stufung von der Verwendung des lebendigen Tieres und des Tierkörpers über die Maßnahmen der Kultur der Pflanze zur Beherrschung der gesamten Umwelt durch die Beherrschung der unbelebten Natur als den drei aufeinander folgenden materiellen Basen menschlicher Sozietäten drückt sich nicht nur ein augenfälliger Beziehungswandel mit ganz bestimmten und oft beschriebenen und analysierten kulturellen Folgen aus. Diese Stufung macht uns auch – und deshalb diskutieren wir diese so umgrenzten Menschheitsepochen in unserem Zusammenhang – die jeweiligen Beziehungen zu den tragenden Ökosystemen und den Grad der Belastungen deutlich, denen diese ausgesetzt sind. Verschieben wir also die Aspekte und stellen wir in diesem Augenblick nicht den Menschen und seine Sozietät in den Mittelpunkt unserer Betrachtung, sondern das Gefüge der Ökosysteme und die besondere Weise, wie der Mensch im Laufe seiner Geschichte, gewissermaßen von außen kommend, auf die ihn tragenden Ökosysteme einwirkt, wie ein so belastetes Ökosystem (zur Ökumene) umgestaltet wird und in nun veränderter Weise auf den Menschen und seine Sozietät rückwirkt. Die Geschichte von Ökosystemen als dynamische Landschaftsgeschichte unter dem Eingriff verschiedener Kulturstufen und Wirtschaftsformen und den hier auftretenden biozönotischen Gesetzmäßigkeiten ist meines Wissens noch nicht geschrieben worden[29]). Versuchen wir, mit wenigen Hinweisen diese Geschichte und die Linien, die es im einzelnen zu verfolgen gälte, deutlich zu machen:

1. Im Falle der prähistorischen Jäger-Sammlerkultur, welche bei weitem die bisher längste der drei Stufen ist, war der Mensch noch ganz, d. h. mit allen seinen Äußerungen, in ein oder mehrere Ökosysteme eingegliedert. Was er aus den von ihm in Besitz genommenen Ökosystemen als Konsument entnahm, kehrte im ganzen und ohne Verluste direkt oder auf Umwegen dorthin wieder zurück. Wie wir vermuten dürfen, war die Bevölkerungsdichte in dieser Jäger-Sammlerkultur (Grahmann & Müller-Beck 1967) so gering, daß die dauernden Entnahmen an Substanz und die Entfaltung der sozialen Energieleistungen zu keiner Zeit zu Schwächungen der Ökosysteme führten. Die Regenerationskraft überspielte die Belastungen, zumal die menschliche Besiedlung immer nur für kürzere Zeit bestimmte Gebiete in Besitz nahm. Vielmehr gehören periodische oder aperiodische Bevölkerungsverschiebungen und das totale Aufgeben von nur auf Zeit besiedelten Lebensräumen zum Merkmal dieser Kulturepoche. Für den Bestand der besiedelten Ökosysteme aber war entscheidend, daß die von der menschlichen Sozietät benutzten Materialien natürlich entstandene, meist dem gleichen Biotop entnommene und nur in ganz wenigen Fällen ortsfremde, niemals aber solche mit toxischem Effekt waren.

2. Im Falle der Kulturstufe, welche die Agrarperiode der Menschheit umfaßt, ändert sich erstmals das Verhältnis: die menschliche Sozietät beginnt, ein vorhandenes und von ihr okkupiertes Ökosystem umzugestalten, Werte zu verschieben, bestimmte Substanzen auf Dauer wegzunehmen, bisher nicht

---

[29]) Auf einen Vortrag von Konrad Buchwald (Landschaftspflege in einer sich wandelnden Gesellschaft: Aufgaben und Methoden) sei besonders hingewiesen, in dem der genannte Autor erstmals über die historischen „Phasen des Umweltwandels" in der menschlichen Geschichte und die sie trennenden Revolutionen ausgesagt hat: die vorneolithische Phase und die neolithische Revolution; die vorindustrielle Phase und die erste industrielle Revolution; die industrielle Phase und die zweite industrielle Revolution, sowie die in die Zukunft gestellte nachindustrielle Phase (vgl. auch Buchwald 1968/69).

vorhandene einzubringen und an die Stelle natürlicher Gegebenheiten durch konstruktive Veränderungen die Umwelt auf Dauer umzugestalten. Mit dem ersten Auftreten großräumigerer Hochkulturen vor etwa 8000 Jahren und mit der Bildung volkreicher Siedlungsgebiete (Schneider 1968) gehen daher auch die ersten dauernden Veränderungen der tragenden Ökosysteme und der hier vorhandenen Biozönosen einher (Waldzerstörungen, Verkarstungen, örtliche Klima-Änderungen, Grundwasser-Absenkungen und, ihr Gegenteil, Versumpfungen, Parzellierungen und das Zerschneiden von Zusammengehörigem, Einbringen biotop-fremder Organismen oder Materialien etc.). Manche Ökosysteme, dem Bau von Städten und ihrer Energie-Versorgung besonders günstig, sind durch Jahrtausende Träger menschlicher Sozietäten gewesen. Ihr ursprünglicher Charakter ist längst vernichtet. Sie leben als Folgeformen, welche in dieser ihrer neuen Form und in ihrem jetzigen Kräftehaushalt bewußt durch den Menschen gestaltet sind und so erhalten werden. In vielen Fällen haben menschliche Eingriffe zu dauernden Strukturveränderungen der betroffenen Ökosysteme geführt. Bestimmte Schäden sind irreparable Schäden.

Andererseits – und darauf weist G. von Wahlert (Vortrag am 29. 5. 1969 im Philosophischen Seminar bei C. F. von Weizäcker, Hamburg) hin, schuf die menschliche Sozietät in den letzten Jahrhunderten durch Ackerbau und Viehzucht in den durch sie behandelten Ökosystemen eine zusätzliche Produktivität, die vorher nicht existierte. „Das Gebiet der USA trug etwa 200 000 Indianer und ernährt jetzt ohne volle Ausnutzung der Produktivität die 1000fache Menge." So ist (wie von Wahlert a. a. O. sagt) die Größe der Menschheit auch als „gesamtökologisches und produktionsbiologisches Problem" zu sehen.

So groß diese Eingriffe des Ackerbau-treibenden Menschen in die gegebene irdische Natur im Laufe der letzten Jahrtausende auch waren, die Zahl der einzelnen Kulturen, die Volkszahl der Einzelsozietäten und das Maß der menschlichen Energie-Erzeugung waren im einzelnen nirgends und auch im Ganzen nicht so groß, als daß der Gesamtheit der natürlichen biologischen Kräfte auf der Erde und dem Mosaik der natürlich entstandenen Ökosysteme auf Dauer Schaden zugefügt worden wäre. Wir sagen daher auch, diese Kulturen waren „landschaftsgebunden". Die Einzelkulturen lebten oft durch Tausende von Meilen voneinander getrennt und standen gar nicht oder nur in geringem Austausch; sie existierten in einem Meer intakter und gesunder Ökosysteme, deren ständiger Energiezufluß räumlich begrenzte Zerstörungen abfing.

3. Jedoch, mit dem Beginn des 19. Jahrhunderts unserer Zeitrechnung (und im Geistigen schon längst vorbereitet) änderten sich erneut die Verhältnisse von Grund auf. Denn mit diesem Jahrhundert setzt, zunächst kaum erkennbar, die dritte Stufe ein, welche durch die Merkmale der modernen Kultur, der Welt-Industriekultur, gekennzeichnet ist. In diesem Jahrhundert vor allem werden die naturwissenschaftlichen und die geographisch-topographischen Grundlagen gelegt, auf denen sich im 20. Jahrhundert die moderne Technik, basierend auf der totalen Mobilisierung der unbelebten Natur, wie es Varagnac ausgedrückt hat, entwickeln konnte.

Es ist keine Frage, daß damit das Verhältnis der menschlichen Kultur und ihrer zivilisatorischen Einzelmaßnahmen in ein ganz neues Verhältnis zu den vorhandenen Ökosystemen, und zwar gegenüber den durch den Menschen in der Vergangenheit bereits umgestalteten und auch gegenüber den noch vorhandenen natürlichen Ökosystemen tritt. Waren bisher die menschlichen Einzelsozietäten und die von ihnen unmittelbar genutzten geographischen Räume Inseln in einem Meer unberührter, d. h. einem natürlichen Kreislauf unterworfener Ökosysteme, so haben die fast plötzliche Zunahme der Erdbevölkerung, die Mobilisierung der Technik und der weltweite Austausch die noch verbliebenen intakten Ökosysteme heute schon auf ein Minimum reduziert und haben gleichzeitig die schon vorher vom Menschen abhängigen Ökosysteme zusätzlich belastet. Wir kennen heute nur noch wenige Restinseln natürlicher Ökosysteme auf der Erde; selbst die Meere und Ozeane stellen keine solchen Areale mehr dar.

Auf Seite 94 gab die Tabelle 2 für die Welt-Industriekultur eine Vorstellung vom Verhältnis der erstrebten „Pluseffekte" zu den erlittenen „Minus-Effekten"[30]. Sie zeigt insbesondere die

[30]) Über die Belastbarkeit von Landschaften (und ihrer Ökosysteme) durch Ackerbau und erst recht durch Industrien hat man bereits begonnen, sich Gedanken zu machen; ebenso darüber, wie Industrien, nachdem sie eine Landschaft ökonomisch leergepumpt haben, wandern müssen, unter welchen Gesichtspunkten Landschaften für eine Neuansiedlung zu suchen sind, welche Landschaften von vorne herein Industrie-freundlich und welche Industriefeindlich sind. Wir glauben, daß es an der Zeit ist, die Beziehung der Volkswirtschaft zu Fragen landschaftlich-ökonomischer Art durch das volkswirtschaftliche Studium zu ökologischen Fragen zu ergänzen.

Wirkung dieser Minus-Effekte auf die die Sozietät tragenden Ökosysteme; sie gibt damit ein Bild von der Art und Weise der heutigen Belastung der Ökosysteme, die immer wieder von neuem und von Generation zu Generation die Basis aller menschlichen Lebensbedürfnisse zu sein haben.

Unter Benutzung der Varagnac'schen Kulturepochen ist es naheliegend, unter den gleichen Gesichtspunkten wie für die Welt-Industriekultur, nun auch die Kultur der Jäger und Sammler und die Kultur der Ackerbauer und Viehzüchter (Tabellen 3 u. 4) zu betrachten. Der Vergleich der Belastung der Ökosysteme für diese 3 Fälle macht das bisher Gesagte auf seine Weise augenfällig.

Tabelle 3: Jäger und Sammler: 5 Parameter historischer Mechanik (senkrechte Spalte, links). Die Tabelle zeigt in der Spalte 2 die (beabsichtigten) Plus-Effekte, in der Spalte 3 die begleitenden (nicht beabsichtigten) Minus-Effekte und in der Spalte 4 die Wirkung der Minus-Effekte auf die die Sozietät tragenden Ökosysteme. Vergleiche die Belastung der Ökosysteme in Tabelle 2 (für die Welt-Industriekultur) und in Tabelle 4 (für die Ackerbau- und Viehzuchtkultur).

1. Lebensnotwendige Vorgänge und Verrichtungen in der menschlichen Sozietät = Parameter historischer Mechanik	2. Plus-Effekte durch Einsatz technischer Mittel
Bau- und Betriebsstoffwechsel des Menschen als biologischem Wesen und technische Maßnahmen dafür	Aufrechterhaltung der Lebensprozesse, Reproduktion, Aufrechterhaltung der Bevölkerungszahl; geringe Zunahme derselben.
Ortsbewegung von Menschen und Materialien	Ortsveränderung von Menschen und Sachen, gelegentlich unter Verwendung von Tieren, nicht von Fahrzeugen.
Wohnen, Errichtung von Behausungen, überhaupt von Gebäuden	Schutz vor Atmosphärilien durch Erdwohnungen, Zelte, Schutzdächer.
Energiegewinnung	durch menschliche Muskelleistung, durch Feuer.
Sachproduktion durch Industrie und Gewerbe	Zweckdienlich gestaltete Gegenstände für primitive und unmittelbar lebenswichtige Bedürfnisse, Schmuck und Fetisch, Metall-, Salz-, Ton- und Holzverarbeitung.

3. Minus-Effekte als Begleiterscheinungen der Plus-Effekte	4. Wirkung der Minus-Effekte auf die die Sozietät tragenden Ökosysteme
Organogene Produkte des Abbaues in ganz geringen Mengen, Kahlfraß geringen Ausmaßes.	Lokale und temporäre Eutrophierung des stehenden und fließenden Wassers, im ganzen sehr gering.
Trampelspuren	Pfade, schnell sich wieder schließend.
keine	keine
Brandflächen geringen Ausmaßes.	keine
Haldenbildung kleinsten Ausmaßes, sonst keine.	keine

Tabelle 4: Ackerbauer und Viehzüchter: 5 Parameter historischer Mechanik (senkrechte Spalte, links). Die Tabelle zeigt in Spalte 2 die (beabsichtigten) Plus-Effekte, in der Spalte 3 die begleitenden (nicht beabsichtigten) Minus-Effekte und in der Spalte 4 die Wirkung der Minus-Effekte auf die die Sozietät tragenden Ökosysteme. Vergleiche die Belastung der Ökosysteme in Tabelle 2 (für die Welt-Industriekultur) und in Tabelle 3 (für die Jäger- und Sammlerkultur).

1. Lebensnotwendige Vorgänge und Verrichtungen in der menschlichen Sozietät = Parameter historischer Mechanik	2. Plus-Effekte durch Einsatz technischer Mittel
Bau- und Betriebsstoffwechsel des Menschen als biologischem Wesen und technische Maßnahmen dafür	Aufrechterhaltung der Lebensprozesse, Reproduktion; durch Ackerbau und Viehzucht Erzeugen, Behandeln von Nahrungsmitteln; Wassermühlen, Windmühlen.
Ortsbewegung von Menschen und Materialien	Ortsveränderung von Menschen und Sachen unter Verwendung von Tieren, von Tieren gezogene Fahrzeuge, Straßenbau.
Wohnen, Errichtung von Behausungen, überhaupt von Gebäuden	Lebens- und Arbeitsablauf in geschlossenen Räumen, unabhängig vom Wetter; einfache Formen der Komfortsteigerung, Schutz von Personen und Sachen, Arbeitsteilung. Steigerung der Bevölkerungszahlen.
Energiegewinnung	Muskelleistung von Mensch und Tier, Wassermühlen, Windmühlen, Feuer.
Sachproduktion durch Industrie und Gewerbe	Zweckdienlich gestaltete Gegenstände und Substanzen für alle Funktionen des Lebens; Metall-, Ton-, Salz- und Holzverarbeitung.

3. Minus-Effekte als Begleiterscheinungen der Plus-Effekte	4. Wirkung der Minus-Effekte auf die die Sozietät tragenden Ökosysteme
Organogene Produkte des Abbaues, Kahlfraß, Erschöpfung von Ackerböden, Bodenerosion.	Lokale und temporäre Eutrophierung des stehenden und fließenden Wassers, im Bereich großer Siedlungen Ruderalräume, lokale Entwaldung, Wasserschäden: Veränderung der Pflanzengemeinschaften örtlich.
Trampelspuren, feste Wege	Transportwege zerschneiden in geringem Maß ökologisch Zusammengehöriges. Fremde Materialien im Ökosystem (auch fremde Tiere, Pflanzen, Parasiten und Krankheitserreger).
Bei Großsiedlungen Verbrauch von Flächen, fester und flüssiger Müll, Rauchentwicklung örtlich, Seuchengefahr, Trinkwasser-Verknappung.	Beanspruchung von Flächen, kleine Mülldepots, Bauschutt, Ruderalisierung kleinen Ausmaßes, Entwaldung, Klima-Änderungen örtlich. Grundwasser-Absenkung örtlich.
Kahlschläge, geringer Rohstoffverbrauch. Brandspuren.	Entwaldung, Erosionen, Klima-Änderungen örtlich.
Haldenbildung kleinen Ausmaßes, Verbrauch von Naturprodukten.	Mülldepots kleinen Ausmaßes, Entwaldung, Versteppung größeren Ausmaßes, Erosionen.

6. Ökologisches Bewußtsein

Diesem äußeren und in Zahlen und Maßen zu belegenden Geschehen des Raubbaues an der natürlichen Welt scheinen ganz bestimmte seinsthematische Gesichtspunkte zu entsprechen. Denn wir können mit Picht (1969) und Sedlmayr (1970) erkennen,

wie gerade seit dem letzten Jahrhundert die Stellung zu allem Natürlichen und natürlich Gewachsenen – nicht etwa nur verloren ging, sondern bewußt und in Hinblick auf ein anderes Lebensgefühl zurückgestellt wurde,

wie die moderne Menschheit sich dem Rausch des Selber-Fabrizierens hingab,

wie sie das Artefakt, das vom Menschen Gemachte, in jeglicher Seinsform (als Maschine, als Bauwerk, als Straße und Brücke und auch als Kunstwerk) in aller Ausschließlichkeit und undiskutiert in den Mittelpunkt ihres Bewußtseins stellt und

wie damit jegliche Beziehung zur Natur, noch ehe ein deutlicheres Verhältnis zu ihr gefunden ist, in die Bereiche der Manipulierbarkeit hinüberleitet, und wie die Natur und ihre Lebewesen lediglich als Produkt, als Rohstoff, als technisch verwertbarer Grundstoff Geltung erfahren. Es ist übrigens kein Gegensatz, wenn wir feststellen, daß in der gleichen Zeit der Entfremdung von allem Belebten (White, 1970, spricht von der „Arroganz gegenüber der Natur") die Naturwissenschaften vom Unbelebten und vom Belebten durch die konsequente Anwendung von Zahl und Maß eine noch nie dagewesene Entwicklung erlebten. Ihre Ergebnisse waren (und sind) vielmehr die eigentlichen Grundlagen dieser unserer technischen (und machbaren) Welt.

Diese Art der Verachtung alles Natürlichen hat übrigens nichts mit dem Phänomen der „Weltflucht" des Mittelalters zu tun.

Damit wird erneut deutlich, auf welche Weise und in welchen Bereichen sich die menschliche Sozietät über Schranken (nämlich ökologische Schranken) hinwegsetzt, die für Tiere und tierische Sozietäten absolut limitierend sind. Durch die, wie wir gesehen haben, in Stufen erfolgte Befreiung des Menschen von ökologisch begrenzenden Faktoren besteht gegenwärtig kaum ein Ort auf der Erde mehr, den der Mensch nicht auf

Zeit oder dauernd technisch beeinflußt, dem er damit seinen Stempel (den Stempel des „Künstlichen“ und des „künstlich Gemachten“) aufdrückt.

Mit diesem Thema der technischen Gegenwart als beherrschendem Bewußtsein und der technischen Existenz des Menschen haben sich Bense (1950 u. 1965), Jaspers (1960), Kurt (1969) und andere wissenschaftstheoretisch auseinandergesetzt. Dieses technische Bewußtsein – so Bense – habe das historische, d. h. den klassischen Bildungsbegriff[31]), endgültig abgelöst, und es komme damit ein neues Seinsverhältnis zum Ausdruck, indem die technische und allenthalben so wirksame Realität die Zukunft unserer Zivilisation bestimme. Allerdings – so schränkt Bense ein – würden, obwohl das Zeitalter der Naturwissenschaften noch nicht zu Ende sei, ihre Fakten und Prozesse nicht mehr ausschließlich das Niveau unserer Zivilisation bestimmen, weil die mathematische Methode zwar der Produktion der Erkenntnisse und ihrer Beweise diente, sie aber nicht ausreiche, existenziale Bedeutungen auszumachen.

Da also dieses allenthalben herrschende technische Bewußtsein, wie wir wissen, seine realen (erdgeschichtlichen) Folgen

– Bense spricht in Hinblick auf die nukleare Physik von der kollektiven „Vernichtbarkeit“ der menschlichen Sozietät durch technische Leistung; wir sprachen in Hinblick auf die in Ökosystemen gebettete Sozietät von der (kollektiven) „kritischen Situation“, in die die Sozietät sich selber führt. –

hat, liegt – so müssen wir schließen – die Rettung nur in der Abkehr von diesem bloß technischen Bewußtsein. Wenn aber das „historische Bewußtsein“ vergangen und vom „technischen“ abgelöst ist, und wenn das technische, wie wir nun erkennen, aus historisch-mechanischen Gründen, also zwin-

---

[31]) Dilthey (1961) spricht vom „Geist der Zeit“ und sagt, daß Zeitperioden (Zeitabschnitte eines trennbaren Ganzen) bestimmte Entwicklungsmomente aufzeigen, die durch einen bestimmten „Lebenshorizont“ gekennzeichnet seien. Dieser Lebenshorizont sei die Begrenzung, in welcher die Menschen einer Zeit in bezug auf ihr Denken, Fühlen und Wollen leben. Am Beispiel der deutschen Aufklärung macht Dilthey auf den inneren Wirkungszusammenhang, wie er als Richtungen, Strömungen und Bewegungen in einer Zeitperiode sichtbar wird, deutlich. Diese Dilthey'schen „Zeitperioden“ sind natürlich viel kürzere Zeiteinheiten als die „Menschheitsepochen“ Varagnac's (vgl. S. 101) und sind vor allem nicht technisch (historisch-mechanisch) bestimmt.

gend, unter den Bedingungen der ständigen Bevölkerungsvermehrung in baldiger Zukunft ebenfalls ein abzulösendes ist (Commoner 1970 spricht von dem „instabilen Verhältnis unserer Technik in ihrer augenblicklichen Form zur Biosphäre"), so kann das Heil der immer wachsenden Menschheit nur in einem neuen Bewußtsein liegen. Vielleicht sollten wir dieses zukünftig notwendige Bewußtsein nach alledem, was wir oben gehört haben, „ökologisches Bewußtsein" nennen. Denn wir meinen, daß in dem Begriff des ökologischen Bewußtseins das notwendige neue Verhältnis anorganischer zu organischer Natur zum Ausdruck kommt, daß also ökologisches Bewußtsein die in Zukunft immer notwendige Technik sinnvoll einzubauen versteht und das Verständnis für Fließgleichgewichte und Fragen des Ausgleichs als ständige Aufgabe wachsen läßt.

Allerdings müssen wir uns darüber klar sein, daß solche aufeinander folgenden Bewußtseinslagen jeweils hohe Emotionsanteile haben. Alle rationale Einsicht in ökologische Zusammenhänge und alle Einsicht in die Notwendigkeit pflegerischer Maßnahmen gegenüber ökologischen Sachlagen und Tatbeständen ermöglichen daher allein noch nicht zweckvolle Handlungen in der zwar von vielen eingesehenen Richtung. Bewußtseinslagen wachsen langsam, weil sie dieses Emotionale in sich tragen. Es bleibt die Frage, inwiefern Lern- und Erlebnisprozesse lenkend und formend eingreifen können.

Was das Zeitmaß der sich ablösenden Bewußtseinsstufen im Ablauf der Geschichte betrifft, so scheinen, betrachten wir die einzelnen Menschheitsepochen Varagnac's im ganzen und im besonderen auf die Gegenwart hin, die einzelnen Stufen immer kürzere Zeit zu dauern. Julian Huxley (1965), der die Frage des Maßstabes in der Geschichte (der astronomischen, der biologischen, der menschlichen und der kulturellen Geschichte) behandelt, weist darauf hin, daß in der menschlichen Vorgeschichte in Jahrhunderttausenden, in der Urgeschichte in Jahrtausenden, in der Kulturgeschichte und in der Gegenwart aber in Jahrhunderten und Jahrzehnten gemessen wird. Es wäre ein großer Gewinn, sagt Huxley, wenn man das günstigste Tempo der Kulturentwicklung, das beste Gleichgewicht zwischen Stetigkeit und Wechsel ermitteln könnte. Ich zweifele, ob es ein solches allgemeines (bestes) Maß gibt; scheint doch vielmehr der Rhythmus der Veränderung der Zahl der an einer Sozietät beteiligten Individuen zu entsprechen. Denn wir befinden uns, was wir auch tun, im Schlepptau der an der Sozietät beteiligten Individuenzahlen und den durch sie notwendigen Bedingungslagen und ihrem zeitlichen Wechsel. Je schneller also die Kurve der Bevölkerungszahlen (Abb. 42) aufläuft, um so rascher werden die aufeinander folgenden Zivilisationsepochen (und Bewußtseinslagen) wechseln und wechseln müssen.

Mögen solche Bewußtseinslagen, wie sie von Bense deutlich gemacht wurden (z. B. die historische) zunächst im rein Geistigen sich entwickeln und ausleben, so befinden wir uns im Falle der technischen (und der Notwendigkeit, diese nun wiederum abzulösen) in einer neuen und ganz anderen Lage als bisher: Hier im Bereich des Technischen hat nämlich das primär geistige Phänomen seine unmittelbar materielle Auswirkung in Gestalt der zunehmenden Zerstörung unserer eigentlichen biologischen Lebensgrundlagen. Damit hat dieser (notwendig) sich anbahnende Bewußtseinswechsel vom Technischen zum Ökologischen einen ganz anderen Rang, nämlich den Rang dessen, was wir oben „Mechanik im Historischen" nannten. Er ist vergleichbar einer kritischen Situation, wie sie in den ersten Abschnitten dieser Abhandlung für tierische Sozietäten an vielen Beispielen dargestellt wurde, — er ist Sachzwang, womit zudem der eigentliche Sinn dieser Untersuchung ganz deutlich wird.

Im übrigen, Ablösung einer Bewußtseinsepoche durch eine folgende heißt nicht, daß die abgelöste im Gefüge sozialer Notwendigkeiten bedeutungslos sei; sie bleibt in der menschlichen Sozietät (als einem permanenten geschichtlichen Vorgang) als gewesene Daseinsform notwendige Funktion und unentbehrlicher Baustein. Denn erst die Räume der überblickten und verstandenen Geschichte geben Überlegenheit und Freiheit zu neuen Zielen.

Kehren wir zur Betrachtung der Ökosysteme zurück:

Es ist bezeichnend, daß schon während der Entwicklung des technischen Bewußtseins und als die Zerstörung der Natur durch technische Maßnahmen kaum merkbar war, d. h. im ausgehenden 19. Jahrhundert, der Gedanke, „Reservate", also Räume des in Natürlichkeit Überkommenen, anlegen (oder besser: aussparen) zu müssen, in vielen zivilisierten Ländern auftrat; dies, ehe noch eine ökologische Wissenschaft und die Begriffe „Biozönose" und „Ökosystem" definiert und in das vorhandene Wissensgebäude integriert waren und ehe noch die eigentliche Beziehung dieser Fragestellungen zu den Vorgängen in unserer zivilisierten Welt im ganzen erkannt waren. Schienen zunächst solche Absichten des „Naturschutzes" einem ästhetischen Bedürfnis entsprungen oder wurden sie gar als romantisch und weltfremd gescholten, so wandelt sich in unserer Zeit mit der sprunghaften technischen Entwicklung auf allen Gebieten des Lebens und der gegenseitigen Steigerung von Technik und exakter Naturwissenschaft dieses Bedürfnis, Natürliches zu bewahren, in ein Gefühl der Angst vor der Technik. Zwar richtet sich also dieses Unbehagen vordergründig gegen das Technische in seinen sichtbaren, hörbaren und zu riechenden Äußerungen, meint aber wohl im Grunde etwas ganz anderes:

nämlich die mit der Technik einhergehende Umgestaltung unserer räumlichen und zeitlichen Welt im ganzen;

die Gleichförmigkeit dieser Phänomene in allen Räumen der Erde und die Steigerung des Tempos der Phänomen-Entwicklung;

die stets wachsende Zahl der an allen Phänomenen beteiligten Individuen und

die damit sichtbar sich einengenden Freiheitsbezirke des Einzelnen und des Lebendigen überhaupt. Damit geht, nun von vielen klarer gesehen, diese Entwicklung an den Kern der Daseinsbewältigung, und es wird uns erneut deutlich, daß Merkmale auftretender Panik (s. S. 39) immer „Ausdruck mangelnder Gelegenheit zum Gleichzeitigen, bedingt durch ein Mißverhältnis zwischen Individuenzahl und Raum" seien; und wir verstehen angesichts allenthalben bemerkbarer Symptome heute besser als ehedem, daß sich Panik in totaler Aufgabe der bisher tragenden Sozietätswerte äußert, daß das Einzelindividuum damit nicht nur seiner sozialen Bindung verlustig geht, sondern auch den verschiedensten nervösen Wirkstrukturen sich überläßt. Latente Panikstimmung äußerst sich nur zu bald im Verlust einer gemeinsamen, allen verbindlichen Sprache und aller traditioneller Bindungen. Autrum (1966) meint das Gleiche, wenn er sagt, daß „nicht die Gefahr des Hungers sondern die Gefahr der Zersetzung der tragenden und ordnenden sozialen Strukturen durch die Übervölkerung unsere Zukunft bedroht".

Was hier also in der Forderung von „Naturreservaten" mahnend, wiewohl halbverstanden, vor Jahrzehnten begonnen war, verlangt heute eine bewußte und die Zusammenhänge durchschauende Ordnung, ist doch die Menschheit eigentlich heute schon zu einer einzigen, räumlich zusammenhängenden und alle Klimate der Erde umfassenden Groß-Sozietät o h n e Freiräume geworden. Wo Gegebenes durch gedankenlosen Raubbau in Verlust gerät, sollte versucht werden, durch Verständnis für die Zusammenhänge und diszipliniertes Handeln in Freiheit der Gefahr zu steuern: Aus dem Bewahren von „Reservaten", also im Urzustand belassenen Arealen, hat sich, wenn der Mensch überleben will, eine bewußte Ökopflege durch Ökotechnik[32]) zu entwickeln.

Diese Ökopflege – und hier weitet sich die Aufgabe zu einer umfassend ökonomisch-ökologischen – setzt eine besonnene Ökoplanung voraus: denn diese weist in die Zukunft und ist nicht dem Vergangenen verhaftet, sie flickt nicht nur Zerschlissenes, bietet nicht technische und kurzfristige Detaillösungen, unternimmt keine bloßen Schönheitskorrekturen. Sie erkennt vielmehr Faktoren, technische und geistige Ursachenzusammenhänge, sowie mechanische und biologische Sachzwänge, sie fügt Einzelfakten in ein System von Maßnahmen. Sie ist Strukturforschung, Flächen- und Raumplanung aus ökonomischer und ökologischer Kenntnis; sie ist sozial bezogen und ist im Grunde durch und durch politischer Prozeß: also ganzheitlich ausgerichtet und mündet in echter Willensbildung.

Diese Ökopflege auf der Grundlage einer so gekennzeichneten Ökoplanung umfaßt die Ökosysteme als eigentlich tragende Areale und macht den Umfang des Lernprozesses deutlich, dem der Mensch der Gegenwart und der Zukunft, will er überleben, ausgesetzt sein wird:

1. Bewahrung vorhandener, intakter Ökosysteme. Hier entwickeln sich alle Maßnahmen aus dem klassischen „Reservat“, das bei verschiedener räumlicher Ausdehnung als „Naturschutzgebiet“ in unserer Begriffswelt (wiewohl keineswegs in der Art unserer Maßnahmen dafür) schon seinen festen Platz hat. Vom „Nationalpark“ sind alle räumlichen Größenausdehnungen umgriffen. Da jeder Substanzverlust nicht reparable Folgen hat, sollten sich pflegerische Maßnahmen unabhängig von der Größe auf alle so zu schützenden Objekte mit gleicher Exaktheit beziehen.

2. Pflege vorhandener, durch den Menschen beeinflußter, aber lebensfähiger Ökosysteme. Diese Areale haben, obwohl ständig in Abnahme, in unserer mitteleuropäischen Landschaft und in weiten Teilen der Welt noch größere Ausdehnung. Hier sind die dem Ackerbau, der Forstwirtschaft und der Fischerei unterworfenen Ländereien und Wasserkörper zu nennen. Die

---

[32]) Ökotechnik = ingenieurwissenschaftliche Maßnahmen durch Kenntnis biologischer und mechanischer Naturgesetze in Hinblick auf belebte Ökosysteme.

größten Gefahren, welche diesen Zonen in Gegenwart und Zukunft drohen, sind künstliche Düngung, chemische Mittel der Schädlingsbekämpfung, Herbicide, Zerteilung durch Verkehrswege, Mülldeponierung, Störung des Grundwasserhaushaltes und Abwasser-Einleitung (Klausewitz, Schäfer & Tobias 1971), also vor allem Exponenten des hygienischen Raumes. Da die Biozönosen, die an diese Gebiete gebunden sind und die Biozönose-Successionen in ihrem Kräftehaushalt unter dem Einfluß von Einwirkungen biologischer, chemischer und physikalischer Art, also ihre Belastbarkeit, kaum bekannt sind, fehlen bisher auch die Mittel zur Pflege und zur sachbezogenen Gesetzgebung, die eine solche Pflege erst garantierte. Es fehlen vor allem Untersuchungen, die auf ganz bestimmte Areale bezogen sind; auch fehlt als Unterlage aller gezielten Maßnahmen der Ökopflege eine großräumige Öko-Kartierung, die erst durch Feststellung des Status quo das Mosaik der Systeme, ihren natürlich oder künstlich bedingten Strukturwandel und die Verschiebungen gegeneinander deutlich machten.

3. Wiederaufbau zerstörter und Neuentwicklung lebensfähiger Ökosysteme. Die ständige Entnahme großer Areale der Erdoberfläche, um sie bautechnischen oder verkehrstechnischen Maßnahmen auf Dauer oder auf Zeit zu unterwerfen, liefert in zunehmendem Maße tote oder krankende Räume (Ruderalräume). Hier muß sich erhaltende und sorgende Öko-Pflege in Öko-Aufbau wandeln. Versuche, mit den Mitteln einer gezielten Ökotechnik wo irgend möglich verloren gegangene Räume (und es sind keine mehr zu verschenken) Schritt um Schritt ökologisch wieder aufzubauen, haben kaum begonnen. Auch gehören wohl Erscheinungen der Sozialbrache hierher.

Im übrigen: Wenn wir auf den optischen und seelischen Eindruck, den ein gewisser Umweltausschnitt auf den erlebenden Menschen macht, anspielen, wandelt sich das real zu erfassende Ökosystem (oder eine Gruppe von Ökosystemen) zur „Landschaft“ als Summe natürlicher Gegebenheiten in einem Menschen-beeinflußten Raum. „Landschaft“ ist also – wie es Lehmann (1950) ausgedrückt hat – „auch ein psychisches Phänomen“, das je nach der Struktur und Erlebnistüchtigkeit des aufnehmenden Subjekts alle Stadien und Grade vom einfachen unkomplizierten Naturgenuß bis zur höchst sublimierten Vergeistigung landschaftlicher Gehalte und Sinndeutung umfassen könne. Von hier her, vom Emotionalen her, von der Gemütspflege her, erhält die Ökopflege zusätzliche, aber keineswegs nebensächliche Bedeutung.

Wie überhaupt mit der Forderung der Ökopflege und der ständigen Zunahme der Erdbevölkerung eine völlig neue Form der Landschaftsgestaltung auf uns zukommt. Wie es Schwind (1950) ausdrückt, bedeutet „geographische Landschaft“ seit Herodot nicht ein natürliches Stück Erdoberfläche, sondern die Ökumene mit den Menschen und Kulturen, die dieses Stück Erde durch Generationen geprägt haben. „Ökumene“ ist bewohnter Teil der Erdoberfläche als ständiger Lebens- und Siedlungsraum (Ahlheim 1966) und ist damit durch Maßnahmen des Erwerbs (der Nutzung bis zum Raubbau) beeinflußter Teil der Erde (Gegensatz: Anökumene = unberührte Naturlandschaft). Wenn wir also Ökopflege fordern, so wünschen wir Reduktion der ökumenischen Maßnahmen auf ein für die Natur erträgliches Maß und in Hinblick auf eine Gesunderhaltung der in der Landschaft ablaufenden und die dort vorhandenen Ökosysteme auf Dauer garantierenden biologischen und abiologischen Vorgänge.

„Kultur-Landschaft“, so sagt Schwind, „ist Werk des Menschen im Rahmen dessen, was die Natur erlaubt“. Ökopflege – so sollten wir definieren – ist aufbauende, ist konstruktive (politisch-konstruktive) Maßnahme in unserer Situation der hygienischen Gefahr.

Die so aufgezeigte, dreifache Aufgabe des Bewahrens, des Pflegens und der Neuentwicklung von Ökosystemen ist schwer, und wir werden bei ihrer Inangriffnahme manchem Rückschlag ausgesetzt sein. Nicht deshalb, weil die biologischen Wissenschaften noch nicht das Rüstzeug dazu hätten (sie haben es); wohl aber deshalb, weil sich als Voraussetzung gezielten Handelns bei der Allgemeinheit ein neues, und noch nie in solcher Weise gefordertes Verhältnis zur Natur (ein „ökologisches Bewußtsein“, eine „ökologische Moral“, welche allein mit den Problemen eines „hygienischen Raumes“ fertig zu werden vermag) erst wird bilden müssen.

Übersicht

1. Das biologische Schrifttum unterscheidet seit langem Tierarten, deren Individuen solitär (einzeln) leben, von solchen, deren Individuen sozial (im Verband) leben. Es wird versucht, diese beiden Gruppen aus ihrem Verhältnis zum gegebenen Lebensraum zu definieren. Die Begriffe „kritischer Raum“ und “kritische Situation” dienen diesem Vorhaben. Der „kritische Raum“ ist das Areal, welches jedes Individuum einer Tierart als Minimum zur Verfügung haben muß, soll es existieren. Die „kritische Situation“ ist der Zustand, welcher durch Vermehrung der Individuenzahl im gegebenen Areal zur Verletzung des kritischen Raumes führt.

2. Während bei solitär lebenden Tierarten die Regulierung der Bevölkerungsdichte auf Kosten des einzelnen Individuums erfolgt, definiert die Möglichkeit, durch kritische Situation bedingte Grenzen doch zu überschreiten, die bei solitär lebenden Spezies unübersteigbare Grenzen sind, die tierische Sozietät.

Zum Kennzeichnen jeder sozial lebenden Tierart gehört eine bestimmte Anzahl von ihr überwindbarer, kritischer Situationen. Die Sozietät endet, vermag sie auszureifen, mit der Katastrophe.

Der Rang einer tierischen Sozietät wird durch die Anzahl der von ihr überwindbaren kritischen Situationen bestimmt.

3. Spezialisation von Individuen-Gruppen in einer tierischen Sozietät führt zur Ungleichwertigkeit der Individuen nach Bedürfnis und Leistung. Spezialisation ist ein Mittel, bestimmte kritische Situationen zu überwinden.

Verringerung der in der tierischen Sozietät zusammengeschlossenen Individuen macht ehemalige, durch überwundene kritische Situationen geschaffene Werte bedeutungslos, bisweilen sogar gefahrvoll; sie können aufgegeben werden (Ökonomie des Abbaues).

4. Die tierische Sozietät ist endlich und sie ist geschichtslos. Die menschliche Sozietät hat eine Geschichte; Menschen sind “historische Wesen”.

5. “Mechanik im Historischen” als wirkende Sachzwänge sollen die ständig gegenwärtigen Kausalitäten natürlicher Gegebenheiten und Abläufe genannt werden, denen auch die menschliche Sozietät bei aller Freiheit des Handelns und bei aller Fähigkeit, „Geschichte“ zu machen, ausgesetzt ist. Das Gefüge der Sachzwänge im sozialen Ablauf rückt für die Gegenwart die Phänomene des „hygienischen Raumes“ in den Mittelpunkt des Interesses. Es bleibt offen, ob der hygienische Raum der für die menschliche Sozietät z. Z. kritische ist.

6. Tierische Sozietäten sind Teilstücke (Integrationen) von Ökosystemen; die menschliche Sozietät zehrt von den sie tragenden Ökosystemen, sie gehört ihnen aber nicht an. Sie kann als Konsument in

Ökosystemen diese Ökosysteme auf Dauer nur durch eine geplante Ökopflege erhalten. Voraussetzung solcher Maßnahmen ist ein allgemeines ökologisches Bewußtsein.

Abstract

1. Ecological literature has for a long time differentiated between species whose individuals live solitary and species whose individuals live in communities and societies. In the following an attempt is made to define the relationship of these two groups to their environments. The terms "critical space" and "critical situation" serve the purpose.

2. The "critical space" is the minimum area required by every individual of a species to be able to exist.

The "critical situation" is the condition which develops due to the increase in the number of individuals in a given area leading to violation of the "critical space".

3. In the case of solitary living species the control of population-density is achieved at the cost of individual.

4. The possibility of overcoming the factors limiting the increase in the number of individuals which depend on the critical situation, defines an animal association. For solitary living species these limiting factors are insurmountable.

5. Each animal species is characterized by some definite number of critical situations which can be conquered. The society ends with a catastrophe, when this number is exceeded.

6. A society of free-moving individuals is faced with two-fold limitations of space: the danger of being too closely-spaced and the danger of being too widely-separated.

7. The rank of an animal society is determined by the number of critical situations is able to overcome.

8. Specialization of groups of individuals within an animal society leads to inequality of the individuals, in requirements and performance. Specialization is a way to overcome certain critical situations.

9. Decrease in the number of individuals in an animal society makes the values, acquired by conquering of critical situations, unimportant; sometimes even dangerous. They can be abandoned.

10. The animal society is finite and without any history. The human Society has a history; human beings are "historical creatures".

11. "Historical mechanics" denotes the causality always present in natural situations and processes to which the human society is also exposed, including both freedom of action and the capability to make

history. We talk of "parameters of historical mechanics", as the most important constants which have been given by nature to human society.

12. The analysis of the structure of "historical mechanics" conveys the phenomena of hygienic space to a focal point of present day interest. The question whether the hygienic space of today is critical for the human society remains open.

13. Animal societies are parts of the ecological systems. Human society lives on the ecological systems; but does not belong to them.

14. Eventually the human society, as consumer in the ecological systems can maintain these ecological systems only through "ecological nursing".

Schrifttum

Ahlheim, K. H. (1966): Der Große Duden. Fremdwörterbuch. – **5.**, 2. verb. u. verm. Aufl. (Bibliograph. Inst.), Mannheim, Wien, Zürich.

Ankel, F. (1968/69): Die Entwicklung der Primatenkunde. – Bull. Schweiz. Ges. Anthropol. Ethologie, **45**: 75-86, Zürich.

Ankel, W. E. (1964): Der Süßwasserschwamm Ephydatia fluviatilis. (Einleitende Worte zur Vorführung des Films). – Verh. deutsch. zool. Ges. 1964: 426-444, Leipzig.

Autrum, H. (1966): Tier und Mensch in der Masse. – Festrede Verl. Bayer. Akad. Wiss. München.

– – – (1970): Biologie – Entdeckung einer Ordnung. – (Carl Hauser) München.

Autrum, H. & Holst, D. v. (1968): Sozialer „Streß" bei Tupajas (Tupaia glis) und seine Wirkung auf Wachstum, Körpergewicht und Fortpflanzung. – Z. vergl. Physiol., **58**: 347-355, Berlin, Heidelberg, New York.

Baker, R. C. & Wilke, F. & Baltzo, C. H. (1970): The Northern Fur Seal. – Unit. Stat. Dep. Int. (US-Fish and Wildlife, Parks and marine Resources), Circular 336, Washington D. C.

Barlogh, J. (1958): Lebensgemeinschaften der Landtiere. – 2. verb. u. erw. Aufl. der Grundzüge der Zoozönologie (Akad. Verlag) Berlin.

Barnett, S. A. (1964): Sozial stress. The concept of stress. – Viewpoints in biology, **3**: 170-218, London.

Bashenina, N. (1963): Importance of the theory of stress for the understanding of population dynamics of small rodents. – Bull. Mosk. Naturf. Ges., Biol., **68**: 2-13, Moskau.

Bense, M. (1950): Technische Existenz. – (Agis) Baden-Baden.

– – – (1965): Aesthetica. Einführung in die neue Aesthetik. – (Agis) Baden-Baden.

Bischoff, H. (1927): Biologie der Hymenopteren. Eine Naturgeschichte der Hautflügler. – Biologische Studienbücher (Jul. Springer) Berlin.

Buchwald, K. (1968/69): Landschaftspflege in einer sich wandelnden Gesellschaft: Aufgaben und Methoden. – in: Handbuch für Landschaftspflege u. Naturschutz, hrsg. Buchwald & Engelhardt (Bayer. Landwirtsch. Verl.) München, Basel, Wien.

Calhoun, J. B. (1968): Population density and sozial pathology. – Sc. American. "39 steps to Biology". (W. H. Freeman & Comp.) S. Francisco/London.

Chen, S. G. (1937): Social modification of the activity of ants in nest building. – Physiol. Zool., **10**: 420-436, Chicago.

Christian, J. J. (1970): Social subordination, population density and mammalian evolution. – Science, **168**: 84-90, Washington D. C.

Claus, C. & Grobben, K. (1923): Lehrbuch der Zoologie. – (Elwert'sche Verl. Buchhandlung) Marburg.

Commoner, B. (1969): Survival in the vironmental-population crisis. – Ann. meet. Amer. Ass. Adv. Sci., Boston.

– – – (1970): Die Bedeutung der Biosphäre. – in: Gefährdete Zukunft. Prognosen angloamerikanischer Wissenschaftler. Hgg. v. Michael Lohmann, (Carl Hanser) München.

Crowe, B. L. (1970): Die Tragik der Allmende – ein zweiter Blick. – in: Gefährdete Zukunft. Prognosen angloamerikanischer Wissenschaftler. Hgg. v. Michael Lohmann, (Carl Hanser) München.

Deegener, P. (1918): Die Formen der Vergesellschaftung im Tierreich. – (Veit & Comp.) Leipzig.

Dilthey, W. (1961): Die Philosophie des Lebens. Eine Auswahl aus seinen Schriften. – Aus seinen Schriften ausgewählt von Hermann Nohl (B. G. Teubner) Stuttgart.

Doflein, F. (1905): Beobachtungen an den Weberameisen (Oecophylla smaragdina). – Biol. Centralbl., **25**: 497-507, Leipzig.

Driesch, H. (1928): Philosophie des Organischen. – (Gifford-Vorlesungen), 4. gekürzte u. teilw. umgearbeitete Aufl. (Quelle & Meyer), Leipzig.

Ehrlich, P. R. (1968): The population bomb. – 223 S., Ballantine Books, New York.

Ehrlich, P. R. & Ehrlich, A. H. (1970): Population – Resources – Environment. Issues in human ecology. – 383 S. (W. H. Freeman & Co.) San Francisco.

Eibl-Eibesfeldt, I. (1969): Grundriß der vergleichenden Verhaltensforschung. Ethologie. – 2. erw. Aufl. (Piper & Co), München.

Emge, C. A. (1958): Das Problem des Fortschritts. – (Steiner), Wiesbaden.

Escherich, K. (1917): Die Ameise. Schilderung ihrer Lebensweise. – (Friedr. Vieweg & Sohn), Braunschweig.

Fischel, W. (1947): Die kämpferische Auseinandersetzung in der Tierwelt. – (Barth), Leipzig.

Frank, F. (1953 a): Zur Entstehung übernormaler Populationsdichten im Massenwechsel der Feldmaus (Microtus arvalis Pallas). – Zool. Jb. (Abt. Syst. Ökol. Geogr. der Tiere), **81**: 610-624 (Fischer), Jena.

– – – (1953 b): Untersuchungen über den Zusammenbruch von Feldmausplagen (Microtus arvalis Pallas). – Zool. Jb. (Abt. Syst. Ökol. Geogr. der Tiere) **82**: 95-136 (Fischer), Jena.

Franz, I. (1950): Zyklische Massenvermehrung bei Vögeln und Kleinsäugern. – Vogelwarte, **15**: 141-155, Stuttgart.

Friedell, E. (1927/31): Kulturgeschichte der Neuzeit. – (C. H. Beck), München.

Frisch, K. v. (1952): Die wechselseitigen Beziehungen und die Harmonie im Bienenstaat. – Coll. intern. C.N.R.S. Publ., **34**: 302-344, Paris.

Gärtner, H. & Reploh, H. (1964): Lehrbuch der Hygiene. – (Gustav Fischer) Stuttgart.

Gehlen, A. (1961): Anthropologische Forschung. Zur Selbstbegegnung und Selbstentdeckung des Menschen. – Rowohlts deutsch. Enzykl., Reinbeck bei Hamburg.

– – – (1962): Der Mensch. Seine Natur und seine Stellung in der Welt. – 7. Aufl. (Athenäum-Verl.), Frankfurt a. M., Bonn.

Glockner, H. (1966): Gegenständlichkeit und Freiheit. – II. Metaphysische Meditationen zur philosophischen Anthropologie. – (H. Bouvier & Co.), Bonn.

Goetsch, W. (1940): Vergleichende Biologie der Insekten-Staaten. – (Akad. Verlagsges.), Leipzig.

Grahmann, R. & Müller-Beck, H. (1967): Urgeschichte der Menschheit. – 3. Aufl. (W. Kohlhammer Verl.), Stuttgart, Berlin, Köln, Mainz.

Grassé, P. (1949): Termites. – Traité de Zool., **9**: 408-544, Paris.

Gutmann, W. (1960): Funktionelle Morphologie von Balanus balanoides. – Abh. senckenberg. naturforsch. Ges., **500**: 1-43, Frankfurt a. M.

Hardin, G. (1969): Population, Evolution and birth control. A collage of controversial ideas. – 2. Ed. (Freeman & Comp.), San Francisco.

– – – (1970): Die Tragik der Allmende. – in: Gefährdete Zukunft. Prognosen angloamerikanischer Wissenschaftler. Hgg. v. Michael Lohmann, (Carl Hanser) München.

Hassenstein, B. (1961): Die Spannung zwischen Individuum und Kollektiv im Tierreich. – Freiburger Dies Universitatis (Individuum und Kollektiv), **9**: 29-43, Freiburg i. B.

Hediger, H. (1942): Wildtiere in Gefangenschaft. Ein Grundriß der Tiergartenbiologie. – (Scheabe & Co), Basel.

– – – (1946): Bemerkungen zum Raum-Zeit-System der Tiere. – Schweiz. Z. Psychol., **5**: 241-269, Bern.

– – – (1949): Säugetier-Territorien und ihre Markierung. – Bijdr. Dierkde, **28**: 172-184, Leiden.

Heiss, R. (1961): Der Einzelne, die Masse und die Geschichte. – Freiburger Dies Universitatis, **9**: 117-131, Freiburg i. B.

Hesse, R. & Doflein, F. (1943): Tierbau und Tierleben in ihrem Zusammenhang betrachtet. – 2. Aufl. (Fischer), Jena.

Holst, D. v. (1969): Sozialer Streß bei Tupajas (Tupaia belangeri). – Z. vergl. Physiol., **63**: 1-58, Berlin, Heidelberg, New York.

Horstmann, E. (1950): Schwarm und Phalanx als überindividuelle Lebensform. Eine morphologische Studie. – Abh. Forschungsst. Spiekeroog Univ. Hamburg, **1**: 7-25, (Hippokrates), Stuttgart.

Horvath, F. E. (1959): Psychological stress: A review of definitions and experimental research. – General systems, **4**: 203-230, (Ann. Arbor: Soc. General Systems Research).

Huxley, J. (1965): Ich sehe den zukünftigen Menschen. Natur und neuer Humanismus. – (List), München.

Jacobi, C. (1969): Die menschliche Springflut. – (Ullstein) Frankfurt/M., Berlin.

Jacobs, W. (1938): Fliegen, Schwimmen, Schweben. – Verständl. Wissensch., **36**, (Springer) Berlin.

Janet, Ch. (1912): Le volvox. – Impr.-Libr. ducourtieux et bout, 151 S., Limoges.

Jaspers, K. (1949): Vom Ursprung und Ziel der Geschichte. – (Piper), München.

– – – (1960): Die Atombombe und die Zukunft des Menschen. – (Piper & Co.), München.

Klausewitz, W. (1970): Bevölkerungszunahme – ein Weltproblem. – Natur u. Museum, **100**: 581-588, Frankfurt a. M.

Klausewitz, W. & Schäfer, W. & Tobias, W. (1971): Umwelt 2000. – Kleine Senckenberg-Reihe, **3**: 1-96, Frankfurt a. M.

Kloft, W. (1959): Versuch einer Analyse der trophobiotischen Beziehungen von Ameisen zu Aphiden. – Biol. Zentralbl., **78**: 863-870, Leipzig.

Kluge, F. & Götze, W. (1951): Etymologisches Wörterbuch der deutschen Sprache. – (W. de Gruyter & Co.), Berlin.

Knauer, F. (1906): Die Ameisen. – Aus Natur u. Geisteswelt, **94**: 1-156, (Teubner), Leipzig.

Koenig, O. (1968): Biologie der Uniform. – Naturwiss. u. Med. (n + m), **5**: 3-19; 40-50, Mannheim.

Kraepelin, K. (1887): Die deutschen Süßwasser-Bryozoen. Eine Monographie. – Abh. Naturwiss. Verein Hamburg.

Kramer, G. (1950): Über individuell und anonym gebundene Gemeinschaften der Tiere und Menschen. – Studium Generale, **3**: 565-572 (Springer) Berlin, Göttingen, Heidelberg.

Kurt, G. (1969): Der Weg des Menschen in die technische Zivilisation. – in: Technische Zivilisation. Möglichkeiten und Grenzen. – (Gustav Fischer), Stuttgart.

Le Bon, G. (1895): Psychologie des Foules. – (Félix Alcan) Paris.

Lehmann, F. E. als Herausgeber (1958): Gestaltungen sozialen Lebens bei Tier und Mensch. 11 Aufsätze von H. R. Behrend, H. von Greyerz, F. E. Lehmann, M. Lüscher, R. Meili, M. Meyer-Holzapfel, H. Ryffel, J. Schär, J. R. Schmid, H. Walther-Büel, P. Zinsl. – Sammlung Dalp (Francke), Bern.

Lehmann, H. (1950): Die Physiognomie der Landschaft. – Studium generale, **3**: 182-195, (Springer) Berlin, Göttingen, Heidelberg.

Lipps, H. (1941): Die menschliche Natur. – (Vittorio Klostermann) Frankfurt a. M.

Lohmann, H. (1915): Tunicata. – Handwörterb. Naturwiss. **10**: 57-90, (Fischer), Jena.

Lorenz, K. (1953): Verständigung unter Tieren. – Das internationale Forum, **1**: 1-59, Zürich.

Lorenz, K. (1965): Über tierisches und menschliches Verhalten. Gesammelte Abhandlungen. – 2 Bde. (Piper), München.

Lorenz, K. & Leyhausen, P. (1969): Antriebe tierischen und menschlichen Verhaltens. Gesammelte Abhandlungen. – (Piper & Co), München.

Maidl, F. (1943): Die Lebensgewohnheiten und Instinkte der staatenbildenden Insekten. – (Fritz Wagner), Wien.

Meyers Konversationslexikon (1896): 1; 5. Aufl. (Bibliograph. Inst.), Leipzig u. Wien.

Mitscherlich, A. (1970): Die Unwirtlichkeit unserer Städte. Anstiftung zum Unfrieden. – (Edition Suhrkamp), Frankfurt a. M.

Möbius, K. (1871): Das Thierleben am Boden der deutschen Ost- und Nordsee. – Sammlg. gemeinverst. wiss. Vorträge, **6**: 3-32, Hamburg.

– – – (1877): Die Auster und die Austernwirtschaft. Berlin.

Müller, J. B. (1970): Die Sicherung der Lebensbedingung – eine humanpolitische Forderung. – Natur u. Museum, **100**: 555-562, Frankfurt a. M.

Murawski, H. (1963): Geologisches Wörterbuch, gegründet von C. Ch. Beringer. – 5. Aufl., (F. Enke) Stuttgart.

Nachtsheim, H. (1967): Überbevölkerung – Zentralproblem der Welt. – Bild d. Wiss., **4** (1): 27-33, Stuttgart.

– – – (1969): Schutz des werdenden und/oder des gewordenen Lebens? Gedanken eines Humangenetikers zur Strafrechtsreform im Hinblick auf das Übervölkerungsproblem. – Die Berliner Ärztekammer, **7**: 1-6, Berlin.

– – – (1970 a): Überbevölkerung und Geburtenkontrolle. Zur sozialethisch-bevölkerungspolitischen Aufgabe der Sexualpädagogik. – Sexualpädagogik, H. **3**: 1-20, München u. Basel.

– – – (1970 b): Vergleichende Betrachtungen zum Übervölkerungsproblem bei Säugetier und Mensch. – Sitzber. Ges. Naturforsch. Freunde Berlin (N. F.), **10**: 93-121, Berlin.

– – – (1971): Geburtenkontrolle. – Naturwiss. Rundschau, **24**: 64-73, Stuttgart.

Oltmanns, F. (1922): Morphologie und Biologie der Algen. 1. Bd. Chrysophyceae, Chlorophyceae. – 2. Aufl. (G. Fischer), Jena.

Ortega y Gasset, I. (1943): Geschichte als System und über das römische Imperium. – (Dtsch. Verlagsges. Übers. Fr. Schalk), Stuttgart–Berlin.

Peters, D. St. (1970): Über den Zusammenhang von biologischem Artbegriff und phylogenetischer Systematik. – Aufs. u. Reden senckenberg. naturforsch. Ges., **18**: 1-39, Frankfurt a. M.

Plessner, H. (1928): Die Stufen des Organischen und der Mensch. Einleitung in die philosophische Anthropologie. – (W. de Gruyter & Co.), Berlin u. Leipzig.

– – – (1950): Über das Welt-Umweltverhältnis des Menschen. – Studium generale, **3**: 116-120 (Springer), Berlin, Göttingen, Heidelberg.

Picht, G. (1969): Mut zur Utopie. Die großen Zukunftsaufgaben. Zwölf Vorträge. – (Piper & Co.) München.

Portmann, A. (1942): Die Ontogenese und das Problem der morphologischen Wertigkeit. – Rev. Suisse Zool., **49**: 169-185, Freiburg (Schweiz).

– – – (1953): Das Tier als soziales Wesen. – (Rhein), Zürich.

– – – (o. J.): Die Tiergestalt. Studien über die Bedeutung der tierischen Erscheinung. – (Fr. Rheinhardt AG), Basel.

Remane, A. (1939): Die Gemeinschaft als Lebensform der Natur. – Kieler Blätter: 43-61, Kiel.

– – – (1950 a): Die biologischen Grundlagen des Handelns. – Akad. Wissensch. Literatur in Mainz, **18**: 545-582, Wiesbaden.

– – – (1950 b): Ordnungsformen der lebenden Natur. – Studium Generale, **3**: 404-410 (Springer), Berlin, Göttingen, Heidelberg.

– – – (1960): Das soziale Leben der Tiere. – Rowohlts deutsch. Enzyklop., Hamburg.

Remane, A. (1971): Sozialleben der Tiere. – (G. Fischer), Stuttgart.

Rensch, B. (1959): Homo sapiens. Vom Tier zum Halbgott. – (Vandenhoeck & Ruprecht), Göttingen.

– – – (1968): Biophilosophie auf erkenntnistheoretischer Grundlage. – (Gustav Fischer), Stuttgart.

Rettenmeyer, K. W. (1962): Behavioral studies of army ants. – Sc. Bull. Univ. Kansas, **44**: 281-465, Manhattan, Kansas.

Rickert, H. (1902): Die Grenzen der naturwissenschaftlichen Begriffsbildung. Eine logische Einleitung in die historischen Wissenschaften. – 743 S. (Verl. J. C. B. Mohr), Tübingen u. Leipzig.

Rösch, G. A. (1930): Untersuchungen über die Arbeitsteilung im Bienenstaat. I und II. – Z. vergl. Physiol., **2**: 571-631 (Springer), Berlin.

Rothacker, E. (1950): Mensch und Geschichte. Studien zur Anthropologie und Wissenschaftsgeschichte. – (Athenäum-Verl.), Bonn.

Sanders, D. (1871): Fremdwörterbuch. – (Verl. Otto Wiegand), Leipzig.

Schäfer, W. (1938): Die geologische Bedeutung von Bohr-Organismen in tierischen Hart-Teilen, aufgezeigt an Balaniden-Schill der Innenjade. – Senckenbergiana, **20**: 304-313, Frankfurt a. M.

– – – (1951): Der „kritische Raum", Maßeinheit und Maß für die mögliche Bevölkerungsdichte innerhalb einer Art. – Dtsch. Zool. Ges. in Wilhelmshaven, Nr. 40: 391-395, Leipzig.

– – – (1952): Biologische Bedeutung der Ortswahl bei Balaniden-Larven. – Senckenbergiana, **33**: 235-246, Frankfurt a. M.

– – – (1953): Zur Unterscheidung gleichförmiger Kotpillen meerischer Evertebraten. – Senckenbergiana, **34**: 81-93, Frankfurt a. M.

– – – (1954): Form und Funktion der Brachyuren-Schere. – Abh. senckenberg. naturforsch. Ges., **489**: 1-65, Frankfurt a. M.

– – – (1956): Der kritische Raum und die kritische Situation in der tierischen Sozietät. – Aufs. u. Reden senckenberg. naturforsch. Ges., **9**: 1-38, Frankfurt a. M.

– – – (1962): Aktuo-Paläontologie nach Studien in der Nordsee. – 666 S. (Waldemar Kramer), Frankfurt a. M.

— — — (1963): Biozönose und Biofazies im marinen Bereich. – Aufsätze u. Reden senckenberg. naturforsch. Ges., **11**: 1-36, Frankfurt a. M.

— — — (1971): Brevier über die Umwelt. – Natur u. Museum, **101**: 97-103, Frankfurt a. M.

Scheler, M. (1966): Die Stellung des Menschen im Kosmos. – 7. Aufl. (Francke), Bern u. München.

Schmidt, H. (1969): Philosophisches Wörterbuch. – 18. Aufl. (Kröner), Stuttgart.

Schneider, W. (1968): Überall ist Babylon. – (Droemer-Knaur), München, Zürich.

Schulz, H. & Basler, O. (1913): Deutsches Fremdwörterbuch. – (K. J. Trübner), Straßburg.

Schutz, F. (1956): Vergleichende Untersuchungen über die Schreckreaktion bei Fischen und deren Verbreitung. – Z. vergl. Physiol., **38**: 322-378, Berlin, Heidelberg, New York.

Schwerdtfeger, F. (1968): Ökologie der Tiere. II. Demökologie. – (Parey), Hamburg u. Berlin.

Schwind, M. (1950): Sinn und Ausdruck der Landschaft. – Studium generale, **3**: 196-201 (Springer), Berlin, Göttingen, Heidelberg.

Sedlmayr, H. (1970): Gefahr und Hoffnung des Technischen Zeitalters. – (Otto Müller), Salzburg.

Seiss, R. (1965): Beobachtungen zur Frage der Übersprungbewegungen im menschlichen Verhalten. – Psycholog. Beiträge, **8**: 1-97, Stuttgart.

Skaife, S. H. (1961): Dwellers in Darkness. – The Natural History Library, Anchor Books, New York.

Skinner, J. D. & Louw, G. N. (1966): Heat stress and spermatogenesis in Bos indicus and Bos taurus cattle. – Journ. appl. Physiol., **21**: 1784-1790.

Snyder, R. L. (1961): Evolution and integration of mechanisms that regulate population growth. – Proc. nat. Acad. Sci. (Wash.), **47**: 449-455.

Steiniger, F. (1950): Beiträge zur Soziologie und sonstigen Biologie der Wanderratte. – Z. Tierpsychol., **7**: 356-379 (Parey), Berlin.

Strehler, J. (1951): Philosophisches Wörterbuch (begründet von H. Schmidt). – 11. Aufl. (A. Kröner), Stuttgart.

Tansley, A. (1923): Pratical plant ecology. – Allen & Unwin Ltd., London.

Thienemann, A. (1939): Grundzüge einer allgemeinen Ökologie. – Arch. Hydrobiol., **35**: 267-285, Stuttgart.

Thienemann, A. (1956): Leben und Umwelt. Vom Gesamthaushalt der Natur. – Rowohlts deutsch. Enzyklop. (Rowohlt), Hamburg.

Thyssen, J. (1963): Geschichte der Geschichtsphilosophie. – 3. Aufl., (Bouvier), Bonn.

Tinbergen, N. (1940): Die Übersprungbewegung. – Z. f. Tierpsychol., **4**: 1-40 (Paul Parey), Berlin u. Hamburg.

– – – (1955): Tiere untereinander. Soziales Verhalten bei Tieren, insbesondere Wirbeltieren. – (Paul Parey, deutsch von O. Köhler), Berlin u. Hamburg.

Tischler, W. (1955): Synökologie der Landtiere. – (Gustav Fischer), Stuttgart.

Totton, A. K. (1965): A Synopsis of the Siphonophora. – British Museum (Natural History), London.

Toynbee, A. I. (1949): Der Gang der Weltgeschichte. Aufstieg und Zerfall der Kulturen. – 2. Aufl. Übers. I. V. Kempski (Kohlhammer), Stuttgart.

Uexküll, J. v. (1921): Umwelt und Innenwelt der Tiere. – (Springer), Berlin.

– – – (1928): Theoretische Biologie. – 2. Aufl. (Springer), Berlin.

– – – & Kriszat, G. (1962): Streifzüge durch die Umwelten von Tieren und Menschen. Ein Bilderbuch unsichtbarer Welten. – Verständliche Wissenschaft (Springer), Berlin.

van der Vecht, J. (1967): Bouwproblemen van soziale Wespen. – Koninkl. Nederl. Akad. v. Wetenschappen, **76**: 59-68, Amsterdam.

Voppel, G. (1969): Die wachsende Bevölkerung und ihr Lebensraum. – in: „Technische Zivilisation, Möglichkeiten und Grenzen", hgg. von G. Kurth (G. Fischer), Stuttgart.

Weidner, H. (1955): Termitennester. – in: Die Termiten. Ihre Erkennungsmerkmale und wirtschaftliche Bedeutung (hgg. v. H. Schmidt). – (Akad. Verl. Ges. Geest & Portig), Leipzig.

White, L. (1970): Die historischen Ursachen unserer ökologischen Krise. – in: Gefährdete Zukunft. Prognosen angloamerikanischer Wissenschaftler. Hgg. v. Michael Lohmann (Carl Hanser), München.

Wickler, W. (1969): Sind wir Sünder? Naturgesetze der Ehe. – (Droemer Knaur), München, Zürich.

Windelband, W. (1892): Lehrbuch der Geschichte der Philosophie. – (Mohr), Tübingen.

– – – (1894): Geschichte und Naturwissenschaft. – Jahresber. d. Geschichtswiss. (Straßburger Rektoratsrede), **4**: 112-154, Straßburg.

Wynne-Edwards, V. C. (1968): Population control in animals. – Scient. American. "39 steps to biology", **32**: 262-268, San Francisco, London.

Yonge, C. M. (1949): The sea shore. – (Collins 14. St-Jame's Place), London.

Sachregister

Einige Sachwörter (z. B. „Situation kritische“, „Katastrophe“) erscheinen im Text so häufig, daß sie das Sachregister, wenn sie dort jedesmal verzeichnet worden wären, über Gebühr belasteten. Die im Sachregister gegebenen Verweiszahlen beziehen sich daher in solchen Fällen nur auf größere an das Schlagwort gebundene Sinnzusammenhänge. Die so behandelten Sachwörter sind gesperrt gedruckt.

Tiernamen-Register

Um auch dem Nicht-Zoologen die Benutzung des Tiernamen-Registers zu ermöglichen, sind außer den wissenschaftlichen Namen (Gattungsnamen) auch Verdeutschungen von Gattungsnamen sowie die Namen höherer systematischer Einheiten (und auch hier Verdeutschungen) in das Verzeichnis aufgenommen.

Prof. Dr. phil. Wilhelm Schäfer: Direktor des Forschungsinstituts und Naturmuseums Senckenberg in Frankfurt. Meeresbiologe und Meerespaläontologe, als solcher von 1938-1961 Leiter des Forschungsinstituts für Meeresgeologie und Meeresbiologie Senckenberg in Wilhelmshaven. 1955 Habilitation an der Universität Frankfurt a. M. Reisen im Mittelmeergebiet, Südosteuropa, Rotes Meer, Indischer Ozean, Ostafrika, Atlantik-Küsten der USA. Arbeitsschwerpunkte: Funktionelle Morphologie und Ökologie von Meerestieren, Sedimentations- und Fossilisationsprozesse, Korallenriffe und tierische Sozietäten, Biozönose und Biofazies. Geschichte der Biologie und Paläontologie, Theorie der Graphik und der wissenschaftlichen Illustration.